U0303011

内蒙古自治区自然资源厅科技创新项目计划项目（202004, 2020-2022-104）资助
内蒙古自治区科技重大专项（2020ZD0020）资助

内蒙古
废弃矿山正生态环境效应

赵振光　刘宏磊　陈建信　张　勇
刘守强　段　丞　曾一凡　杨所在　　著

科学出版社
北京

内 容 简 介

本书详细介绍内蒙古自治区废弃矿山正生态环境效应开发利用理论、途径和工程实践。第一章概述国内外关闭矿山现状、废弃矿山环境正效应开发利用需求和政策指引，重点介绍国内外关闭矿山开发利用的历程和现状；第二章介绍国内外矿山环境正效应开发利用典型案例；第三章阐述内蒙古自治区关闭矿山环境现状、正效应开发利用途径和方法；第四章至第八章，分别阐述内蒙古自治区关闭矿山生态服务正效应开发利用实例、矿山土地与地下空间正效应开发利用实例、矿山清洁能源正效应开发利用实例、矿山文化科普旅游开发利用实例、矿山科学研究场地开发利用实例等，全方位、多角度展示内蒙古自治区关闭矿山正生态环境效应开发利用工程的历程和开发利用效益。

本书为从事关闭矿山环境领域的工程技术人员，特别是矿山正效应开发利用的工程技术人员提供了较为系统的正效应基础知识和事件案例，也可用作能源与环境、城市规划等相关专业的研究生的工程案例教学参考资料。

图书在版编目（CIP）数据

内蒙古废弃矿山正生态环境效应/赵振光等著．—北京：科学出版社，2023.6

ISBN 978-7-03-072775-6

Ⅰ．①内… Ⅱ．①赵… Ⅲ．①矿山环境—生态环境保护—研究—内蒙古 Ⅳ．① X322.226

中国版本图书馆 CIP 数据核字（2022）第 132605 号

责任编辑：刘翠娜 李亚佩/责任校对：王萌萌
责任印制：师艳茹/封面设计：无极书装

科学出版社 出版
北京东黄城根北街 16 号
邮政编码：100717
http://www.sciencep.com

北京汇瑞嘉合文化发展有限公司 印刷
科学出版社发行 各地新华书店经销
*

2023 年 6 月第 一 版 开本：787×1092 1/16
2023 年 6 月第一次印刷 印张：12 1/2
字数：280 000

定价：198.00 元
（如有印装质量问题，我社负责调换）

本书研究和撰写人员

赵振光　刘宏磊　陈建信　张　勇　刘守强

段　丞　曾一凡　杨所在　王明君　王汉元

赵　頔　王舒杨　张守成　石伟嘉　赵紫超

王根锁　邓　燕　贾　旭　许　强　祁　帅

薛　宇　张　玮　张嘉圆　郑　磊　聂志文

湛　昊　张晓辉　赵浩楠　吴圣林　熊彩霞

刘轩晓　刘　妍　麻　茹　高　博　刘雅峰

赵晓伟　郭司璐　王晓宁　赵玉宏　哈布尔

前　言

　　地球长期形成的矿产资源是推动人类生存和社会发展的物质基础。矿产资源储量与开发力度体现了一个国家发展基础的硬实力。改革开放至今，我国持续倡导生态文明建设，探索"美丽新中国"，而祖国的建设无论从奠定产业基础的农业还是核心发展的工业，以及促进产业进步的服务业都离不开矿产资源支持。然而，矿产资源具有不可再生性，并非取之不尽用之不竭。实际上，矿产资源是有限的且正在日益减少，如矿石资源、土壤资源、煤、石油等诸多资源均是不可再生资源，其形成和再生过程非常缓慢，相对于人类历史而言几乎不可再生。

　　在人们的眼中，矿业工程活动对生态环境的影响是负效应、是"包袱"，但如果用统筹和长远的眼光看待矿山开采对矿山环境产生的正、负两方面影响，就会发现其实不然。"垃圾只是放错地方的资源"，废弃矿山不仅蕴藏着丰富的资源，还具有多彩的开发利用空间。随着我国煤炭业去产能政策的推进，资源枯竭及落后产能矿井和露天矿坑的关闭势在必行，这就造成大量关闭矿山的出现。据中国工程院不完全统计，2020 年全国因化解产能或安全问题关闭煤矿数量达 428 处。那么，如何充分利用关闭和废弃矿山中的矿山环境正效应资源，将这些资源加以开发利用并纳入地区的经济和社会发展中，实现矿山环境正效应资源的价值？矿山环境正效应的开发利用，不仅能减少正效应资源的浪费，还可以为关闭矿井企业提供一条新的可持续发展路径，进而推动能源结构转型和资源枯竭型城市改革发展。

　　矿山环境正效应资源开发与利用，是推动生态文明建设、延长矿业产业链、推进国家能源结构转型发展、实现碳达峰碳中和的重要途径。从国外废弃矿山正效应资源开发利用的工程案例来看，利用矿山的井下空间是废弃矿井开发利用的主要模式，如矿山公园、固体和液体废弃物二次开发利用、清洁能源开发、土地生态治理等。然而，当前我国对于关闭矿山环境生态正效应开发利用的理论和实践研究起步不久，存在着开发利用不充分、运行成本高、产出价值低等诸多难题，特别是在井下空间资源的开发利用安全隐患、固体废弃物有用成分提取等方面存在着一些技术瓶颈。但是，如果矿山关闭废弃后采取直接封井，将造成井下巷道空间的浪费，如果将主要巷道、硐室等空间资源继续开发利用，矿井将为人类社会生活继续服务，尤其当关闭矿山位于城市周边时，矿山地下和地表的土地与空间具有极高的利用价值。

为了推动内蒙古关闭矿山环境正效应资源化开发利用，促进内蒙古能源结构转型和"双碳"目标实现，本书剖析了矿山环境正效应的内涵及其资源属性，阐述了生态资源、可回收资源、可再生资源、空间资源、旅游文化科普资源以及原位科学实验资源等正效应资源的开发利用对于削减内蒙古废弃矿区碳源、增加生态碳汇及推动碳减排的潜在优势。结合内蒙古"十四五"生态文明建设和碳达峰碳中和目标，介绍开发利用正效应在实现碳减排和修复自然碳汇、促进能源结构转型、助力资源型城市碳减排、助力原位科学实验和绿色低碳科技转化以及普及低碳生活能源消费知识等方面的重要作用，以期为建设北方生态安全屏障、推进废弃矿山资源化再利用以及实现能源行业减排增汇、绿色低碳发展和能源安全战略的有机统一提供科学依据，助力内蒙古乃至全国实现"双碳"目标。

本书是作者多年对内蒙古关闭矿山环境正、负效应现场实践和理论研究的成果总结，由内蒙古自治区地质调查研究院和中国矿业大学（北京）组织撰写。本书在撰写过程中，得到了温挨树教授级高工、乔文光教授级高工、陈军教授级高工等专家的指导，同时得到了中国矿业大学（北京）武强教授、董东林教授、李沛涛教授、孙文洁副教授、崔芳鹏副教授以及赵颖旺老师、涂坤老师、杜沅泽老师等教授和学者的指点与帮助，赵頔、王舒杨、张萌、赵浩楠、孙国凯、张晓辉、湛昊等研究生参与了相关的野外调研和资料整理等工作，在此对他们的无私帮助表示衷心感谢。感谢内蒙古自治区自然资源厅、内蒙古自治区地质调查研究院等单位领导的支持，感谢国家能源投资集团有限责任公司、神华神东煤炭集团有限责任公司、国能包头能源有限责任公司、中国神华能源股份有限公司、国能蒙西煤化工股份有限公司、内蒙古准格尔旗力量煤业有限公司、云天化集团呼伦贝尔东明矿业有限责任公司东明露天矿为本书提供的资料素材。

由于作者学识有限及矿山环境正效应资源的开发利用涉及众多学科，本书难免存在疏漏之处，恳请广大同行专家和读者多加批评指正。

作　者

2023 年 1 月

目　　录

第一章 绪 论

矿产资源是在地球内动力和外动力地质作用过程中形成并赋存于地壳内（地表或地下）的有用矿物或物质集合体，是质和量适合于工业要求，并在现有的社会经济和技术条件下能够被开采和利用的自然资源。

矿产资源的生成过程非常缓慢，需要经历千万年至上亿年漫长的地质时期。与矿产资源的生成时间相比，这些资源能够承受人类开发利用的时间却是相当短暂。但是矿产资源在经过一段时间的开采后便会枯竭或者无法继续达到开发利用的指标，正因如此矿产资源具有不可再生性，大量关闭矿山也随之出现。

关闭矿山是指开采矿产资源后遗留下来的废弃工程场地及其附属物，岩体、矿体、水及气体在矿山停用、关闭后与环境相互作用，使矿山内物质的理化性质、工程地质性质等发生根本性变化。

第一节 关 闭 矿 山

矿山关闭指的是矿山或选矿厂区在完成停产善后处理程序后永久性终止矿业工程活动，并以解除租约为标志。一般来说，矿山关闭主要是由于资源濒临枯竭、矿山开采条件发生变化、安全生产没有保障、企业经济效益低下等原因。

矿山关闭是矿山生命周期一个系统性必经流程，覆盖法律法规、经济管理、环境保护等多个领域，涉及社会经济、政策制定、地质、采矿等多部门相关工作。内蒙古制定了一整套切实有效的处理措施，来保证矿山顺利关闭，矿山技术人员及周边居民得到相应补偿和妥善安置，矿区环境得以修复治理，资产和债务能妥善处理等。不仅如此，矿山的关闭作为矿山开发的最后阶段，是矿业全生命周期最重要的一环，过去有不少矿山关闭前没有完全按照程序性的、技术要求性的成套标准实施，导致矿山闭坑良莠不齐，甚至造成严重的社会影响及重大人身伤害和经济损失。

面对资源约束趋紧、环境污染严重、生态系统退化的严峻形势，实现内蒙古矿业全生命周期的绿色发展是矿业发展的必由之路。正因如此，矿山关闭正在成为内蒙古矿业开发、土地资源利用、生态环境保护、社区包容发展等问题交织与社会关注的热点，是延长矿业产业链的关键。

第二节　国内外关闭矿山现状

矿业工程活动在推动社会经济进步的同时，也扰动了矿山和矿区的环境与生态系统，这种扰动有些对矿山环境和生态系统产生了负效应，但也有一些对矿山环境与生态系统产生了正效应。针对如何科学地认识关闭矿山环境与生态系统的正负效应、如何系统化地修复与治理关闭矿山的环境负效应、资源化地开发利用关闭矿山的环境正效应等问题，做到趋利避害、变废为宝，对于内蒙古后矿业时代的能源转型与发展具有重要的理论指导意义和实用价值。

一、国外关闭矿山现状

（一）德国鲁尔工业区关闭现状

鲁尔工业区位于德国西部、莱茵河下游支流鲁尔河与利珀河之间的地区，是德国最大的工业区，也是世界著名的工业区之一（图 1.1）。19 世纪末期至 20 世纪中叶，鲁尔工业区在煤炭、钢铁等工业发展中曾空前繁荣。20 世纪 50 年代以后，随着煤炭的能源地位下降、产业结构过于单一等问题的出现，传统工业区逐渐衰落，鲁尔工业区面临了空前的衰退危机。1958~1964 年，鲁尔工业区内的关闭煤矿达 53 处，大量煤矿技术人员和职工被迫失业。

图 1.1　德国鲁尔工业区标志建筑

图片来源：https://www.sohu.com/a/518780467_121209218

1968 年，鲁尔工业区所在的德国北威州政府为了应对艰难局势制定了《鲁尔工业区发展纲要》，对矿区进行重点清理整顿，将采煤集中到盈利多和机械化水平高的大矿井，同时采取一系列优惠政策扶持并改造煤炭钢铁业。这些优惠政策包括价格补贴、税收优惠、投资补贴、政府收购、矿工补贴、环保资助、研究与发展补助等。清理整顿工作完成之后，鲁尔工业区 53 个城镇组成了区域规划联合机构——鲁尔城市委员会。1989 年，鲁尔城市委员会启动了"国际建筑展埃姆舍公园"计划的第一个 10 年（1991~2000 年）规划，将鲁尔工业区的重工业厂区作为工业文明的遗产来保护和继承。短短的 10 年时间，鲁尔工业区将世界上最老旧的重工业区改造成生态景观公园的后工业时代旅游景区，并被联合国教科文组织评为世界文化遗产。

（二）日本煤矿关闭现状

日本的煤炭工业曾经一度非常红火，在生产最旺盛的 1940 年，全国的年产量曾经达到 5600 万 t，从业人员超过 45 万人。但自 20 世纪 60 年代以来，由于进口煤炭的竞争、严格的环保和安全法规以及替代产品的大量使用，该国的煤炭业逐渐走向衰落。2000 年左右，日本只剩下两座煤矿，年产量仅 300 万 t，从业人员仅 2500 人。

20 世纪 60 年代初日本煤炭工业发展达到高峰，之后随着能源结构改革，煤炭工业逐步衰落，大多数煤矿关闭。在之后的 50 余年里，日本煤矿减少了 620 余个。日本最后一家煤矿公司——太平洋炭矿公司于 2002 年 1 月 30 日停产，从而日本国内的煤炭产业彻底结束。虽然日本本国的煤炭工业已经不复存在，但其国内的煤炭需求量预计仍不会有多大的变化。目前日本国内的电厂和钢厂每年的煤炭消耗量在 1.3 亿 t 左右，主要是从国外进口。

日本的煤矿关闭措施主要有法律约束、经济激励、专项管理、文化挖掘等方面。在法律制定方面，自 1955 年起日本先后制定了《煤炭矿业合理化临时措置法》《煤矿离职者临时措置法》《产煤地域振兴临时措置法》等法规。从促进经济发展来看，制定优惠税收与贷款政策，在原矿区建立替代产业，减少煤矿关闭带来的经济损失和人员失业。1962 年，日本成立了"产煤地区振兴事业公团"，该机构是由政府设立，具有特殊法人地位，由政府提供款项，实施商业化运作，如此一来，煤矿关闭后的环境处理问题，既有了负责者，又有了资金支持，还有了办事效率，工作也就卓有成效。此外，日本还将相当一部分关闭的煤矿作为文化遗产加以保留，注重发掘关闭煤矿中的文化价值。20 世纪 90 年代，日本掀起了一股煤矿遗迹的保护热潮，通过这样的方式，向游客展示日本经济建设和煤炭工业的足迹。

二、我国关闭矿山现状

我国是一个以煤炭作为主要能源的国家，2019 年我国原煤产量为 38.5 亿 t，比 2018 年同比增长 4.0%，在我国一次能源消费结构中的占比超过 70%。从我国能源资源禀赋的特点来看，以煤炭为主的能源格局在未来相当长的时间内不会发生根本性的转变。然而，据资料统计数据，自 20 世纪 60 年代至 21 世纪初，我国的国有矿山已有三分之二进入老年期，50 个矿业城市已经资源枯竭。在这 50 个城市中，失业下岗的人数估计达到 300 万人，上千万人的生活受到影响。

我国政府为关闭矿山环境深化研究颁布了一系列指导意见和政策，使关闭矿山环境修复治理的出路更加系统和清晰。2016 年发布了《关于加强矿山地质环境恢复和综合治理的指导意见》，提出了开发式修复治理的市场化运作意见；2017 年发布了《住房城乡建设部关于加强生态修复城市修补工作的指导意见》，明确了矿山环境修复要达到自然修复的形态。2019 年发布《中共中央 国务院关于建立国土空间规划体系并监督实施的若干意见》，提出了坚持山水林田湖草生命共同体理念。2019 年发布了《关于建立激励机制加快推进矿山生态修复的意见》，要求推行矿山环境开发式治理、科学地开发利用等意见。

总体而言，我国的矿山环境负效应修复治理研究进展迅速。从 20 世纪 90 年代初，我国开始出现矿山土地修复和复垦相关的文献。在我国矿山环境负效应的研究历程中，经历了控制减少、避免发生、预防控制等过程，修复治理技术也逐步由简单变复杂，由借鉴到专业，由经验估计到理论参数的变迁，在矿山土地资源的修复治理与保护、固体废弃物的综合利用、矿井水害防治、矿山大气污染、生态修复、微生物修复技术手段、矿山污水处理与循环利用方面都取得了显著成效。值得注意的是，以往有关矿山环境的研究多集中在矿山建设和生产过程，侧重于因矿业开发对矿山环境产生负效应的研究，分析负效应的基本类型、有效的防控与治理对策。我国学者在多年矿山环境负效应修复治理研究的基础上，提出了矿产资源绿色生产、水资源供给、生态环境改善的矿山环境负效应防治目标。近几年矿山环境学者对矿业开发活动遗留的大量资源给予积极关注，我国矿山环境学者武强首次提出矿山环境正效应开发利用的理念，将矿山环境领域的研究视角从负效应修复治理转向矿山环境正效应开发利用，提出了系统化的修复治理矿山环境负效应和资源化开发利用矿山环境正效应的思路。只有矿山环境正、负效应都研究完善，才能达到矿山环境修复治理与开发利用的双赢。

我国已有关闭矿山环境正效应开发利用的案例，如湖北黄石国家矿山公园，利用落差 450 余米的露天采坑改造为以"矿冶大峡谷"为核心景观的矿山公园，将矿山建设成科普教育基地、教学基地和环保示范基地；上海佘山世茂深坑酒店在深约 80m 的露天采坑内修建深坑酒店，将采坑内特殊的环境开发为观赏、娱乐、休闲等矿山特色项目；长沙大王山矿将废弃矿坑变为冰雪世界，在露天采坑中建设滑雪场、冰雪世界公园等娱乐项目；唐山南湖沉陷区将原有采煤沉陷区改造为湿地、地震遗址、运动场地等极具特色的矿山主题生态公园，使开发利用后的采煤沉陷区转变为城市的重要组成部分。

第三节　废弃矿山环境正效应开发利用的需求

我国关闭矿山数量众多，矿山环境负效应修复治理和正效应开发利用的工作压力很大。如何将关闭矿山对矿山环境造成的负效应最小化，实现关闭矿山环境正效应资源的开发利用的长期利益最大化，是关闭矿山环境正效应开发利用中亟须正视并解决的重大问题。

在过去很长的一段时期内，粗放型的经济增长方式导致我国矿产资源无法与社会经济的发展相适应，并造成大量的矿山环境问题出现，矿山生态环境形势严峻。比如，我国北方岩溶地区的煤、铁矿山，每年要排矿坑水约 12 亿 t，绝大部分矿山都受到不同程度的污染，污水处理率不到 30%，大部分被自然排放；矿区的土地修复率也远低于世界上一般发达国家 50% 的平均水平，仅有 12%。

随着我国矿业权整合工作的开展，我国矿山数量大幅减少，仅"十三五"期间矿山数量从 2016 年的 77558 个减少至 2019 年的 53589 个，下降 30.9%，年均下降 13.1%，矿山数量下降明显。但是，随之而来的关闭矿山环境问题成为对生态环境影响巨大的"灰犀牛"，诸如矿山固废和液废引起地下水、地表水、土壤污染，造成不可逆的环境影响；受矿山开采影响，植被恢复速度可能会很慢，致使矿区周边的生物多样性严重衰退；无人看管的废弃坑口和荒废建筑物对探索者构成人身安全隐患；邻近社区的矿山负面社会影响可能会持续数十年。

因此，如果不在矿山关闭之前或者矿山关闭之时对这些被矿山开采破坏的环境加以修复治理和开发利用，不仅矿区周边人民的生活环境质量无法保证甚至威胁到人民的生命财产安全，而且矿山开采后的场地将完全废弃失去开发利用价值。

第四节　关闭矿山的政策指引与理论支撑

2009 年 2 月 2 日，国土资源部第 4 次部务会议审议通过了《矿山地质环境保护规定》，明确矿山地质环境治理恢复责任人灭失的，由矿山所在地的市、县国土资源行政主管部门，使用经市、县人民政府批准设立的政府专项资金进行治理恢复。国家鼓励企业、社会团体或者个人投资，对已关闭或者废弃矿山的地质环境进行治理恢复。

2019 年 12 月，自然资源部发布了《自然资源部关于探索利用市场化方式推进矿山生态修复的意见》，主要内容如下。

（1）据实核定矿区土地利用现状地类。

地方各级自然资源主管部门要据实调查矿区土地利用现状、权属、合法性。对已有因采矿塌陷确实无法恢复原用途的农用地，经省级自然资源主管部门会同相关部门组织核实并征得土地权利人同意，报自然资源部核定后，可以变更为其他类型农用地或未利用地，涉及耕地的据实统筹进行核减，其中涉及永久基本农田的按规定进行调整补划，并纳入国土空间规划。耕地核减不免除造成塌陷责任人的法定应尽义务。

（2）强化国土空间规划管控和引领。

市、县级人民政府编制国土空间规划时，应充分考虑历史遗留矿山和正在开采矿山的废弃矿区土地利用现状和开发潜力、土壤环境质量状况、水资源平衡状况、地质环境安全和生态保护修复适宜性等，尊重土地权利人意见，结合生态功能修复和后续资源开发利用、产业发展等需求，按照宜农则农、宜建则建、宜水则水、宜留则留原则，合理确定矿区内各类空间用地的规模、结构、布局和时序，优化国土利用格局，为合理开发和科学利用创造条件。

（3）鼓励矿山土地综合修复利用。

历史遗留矿山废弃国有建设用地修复后拟改为经营性建设用地的，在符合国土空间规划前提下，可由地方政府整体修复后，进行土地前期开发，以公开竞争方式分宗确定土地使用权人；也可将矿山生态修复方案、土地出让方案一并通过公开竞争方式确定同一修复主体和土地使用权人，并分别签订生态修复协议与土地出让合同。历史遗留矿山废弃国有建设用地修复后拟作为国有农用地的，可由市、县级人民政府或其授权部门以协议形式确定修复主体，双方签订国有农用地承包经营合同，从事种植业、林业、畜牧业或者渔业生产。

对历史遗留矿山废弃土地中的集体建设用地，集体经济组织可自行投入修复，也可吸引社会资本参与。修复后国土空间规划确定为工业、商业等经营性用途，并经依法登记的集体经营性建设用地，土地所有权人可出让、出租用于发展相关产业。

各地依据国土空间规划在矿山修复后的土地上发展旅游产业，建设观光台、栈道等非永久性附属设施，在不占用永久基本农田以及不破坏生态环境、自然景观和不影响地质安全的前提下，其用地可不征收（收回）、不转用，按现用途管理。

（4）实行差别化土地供应。

各地可依据国土空间规划，利用矿山修复后的国有建设用地发展教育、科研、体育、公共文化、医疗卫生、社会福利等产业，符合《划拨用地目录》的，可按有关规定以划拨方式提供土地使用权，鼓励土地使用人在自愿的前提下，以出让、租赁等有偿方式取得土地使用权。矿山修复后的国有建设用地可采取弹性年期出让、长期租赁、先租后让、租让结合的方式供应。

（5）盘活矿山存量建设用地。

各地将正在开采矿山依法取得的存量建设用地和历史遗留矿山废弃建设用地修复为耕地的，经验收合格后，可参照城乡建设用地增减挂钩政策，腾退的建设用地指标可在省域范围内流转使用。其中，正在开采的矿山将依法取得的存量建设用地修复为耕地及园地、林地、草地和其他农用地的，经验收合格后，腾退的建设用地指标可用于同一法人企业在省域范围内新采矿活动占用同地类的农用地。

在符合国土空间规划和土壤环境质量要求、不改变土地使用权人的前提下，经依法批准并按市场价补缴土地出让价款后，矿山企业可将依法取得的国有建设用地修复后用于工业、商业、服务业等经营性用途。

（6）合理利用废弃矿山土石料。

对地方政府组织实施的历史遗留露天开采类矿山的修复，因削坡减荷、消除地质安全隐患等修复工程新产生的土石料及原地遗留的土石料，可以无偿用于本修复工程；确有剩余的，可对外进行销售，由县级人民政府纳入公共资源交易平台，销售收益全部用于本地区生态修复，涉及社会投资主体承担修复工程的，应保障其合理收益。土石料利用方案和矿山生态修复方案要在科学评估论证基础上，按"一矿一策"原则同步编制，经县级自然资源主管部门报市级自然资源主管部门审查同意后实施。

（7）加强监督管理。

地方各级自然资源主管部门要加强工作指导，做好日常监督管理，建立健全政府、矿山企业、社会投资方、公众共同参与的监督机制，探索建立修复企业诚信档案和信用积累制度。特别要确保矿山修复形成的耕地及其他农用地质量达到土壤环境质量要求；确保对列入土壤污染风险管控和修复名录的地块，在达到风险管控、修复目标之前，不得调整为住宅、公共管理与公共服务用地。加强对涉及废弃土石料处置项目的监管，防止各类违规违法问题的发生。

第五节　国内外关闭矿山开发利用历程和现状

18 世纪 60 年代开始的工业革命是一场深刻的社会变革。随着工业革命的深入发展，全球掀起矿产勘探和开采热潮。然而，20 世纪中后期工业经济产业结构的调整和高新技术的变革，无数因资源枯竭的矿实施关停或者停产废弃。对这些废弃矿山中蕴藏的环境正效应的开发利用，不但可以改善生态环境、提升景观效果，而且能提高土地资源的利用效率，促进当地经济发展。尤其是近年来碳达峰碳中和目标的提出，废弃矿山的开发利用问题越来越多地受到全球关注，人们更多地注重废弃矿山开发利用的适宜性评价、生态修复和功能置换，乃至废弃矿山地下空间再开发、地热资源利用、水资源循环利用等多个方面。

关于矿山地下空间的开发利用，国内外已有丰富的开发利用历程。本书选取欧洲代表性的德国鲁尔工业区，它以其丰富的地质地理多样性享誉全球，一直传承优秀的地质保护和地质旅游开发传统，其采矿业也受到政府部门严格审批和监督管理，在废弃矿山地下空间的开发利用方面能提供较多宝贵的经验。

国外地质工作者早在 20 世纪中叶就开始探索关闭煤矿资源的再利用，对关闭矿山开发利用较多的主要是采矿业发达或地下空间开发技术相对先进的德国、芬兰、荷兰、美国等国家，积累了关闭矿井工业场地、瓦斯抽采、地下空间、矿井水等资源再利用开发技术和实践经验，开拓了关闭矿山资源化利用的模式，取得了不少成功开发利用的案例（表 1.1）。

表 1.1　国外关闭矿山开发利用历程

国家	关闭矿山的开发利用
德国	①拥有 17 个关闭煤矿瓦斯抽采利用工程项目，年发电量 $10 \times 10^8 kW \cdot h$； ②抽取河流水注入废矿坑，废矿区形成湖泊群，开发生态、工业文化为主题的旅游景点； ③1984 年利用海因里希煤矿矿井水为养老院供暖
芬兰	建立地下矿井博物馆，演示采矿作业，展示采矿器具
荷兰	①2003 年启动 Heerlen 项目，循环利用管道泵出的废弃矿井水调节室温； ②利用废弃矿井通道从地下 800m 深处泵出热水，利用产生的蒸汽发电
美国	①建设 20 座有害矿井水处理厂，控制并利用矿井水； ②评估废弃矿区土地开发光伏系统，建立光伏发电系统，实施了"重振美国土地项目"
比利时	建设了天然气地下储存库，供气能力 $12 \times 10^8 m^3/d$

德国、澳大利亚、美国、乌克兰、奥地利等国率先开展了废弃矿山正效应开发利用研究，并形成了较为成熟的开发利用模式，成效显著。如利用废弃矿井进行旅游开发、将废弃矿井开发为医院、利用废弃矿井修建极深地下实验室、将废弃矿井改建为地下储气库、将废弃矿井作为压缩空气蓄能发电站、利用废弃矿井进行抽水蓄能发电、将废弃矿井用于放射性核废料处置。

相比之下，我国废弃矿山正效应开发利用尚处于起步阶段，基础理论研究薄弱，关键技术不成熟，先导示范类型的工程相对缺乏，仅在煤矿瓦斯（煤层气）、煤炭地下气化、地下水库构建等能源化、资源化利用方面进行了工业性试验，开展了废弃矿井储气库、储油库以及工业旅游等功能化利用方面的探索性研究。2018 年我国部分地区关闭煤矿数量统计如图 1.2 所示。

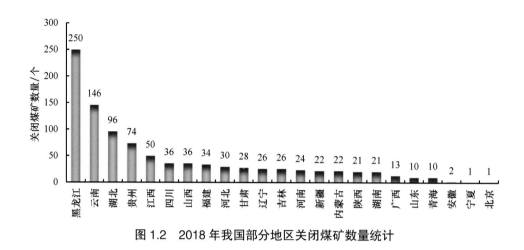

图 1.2　2018 年我国部分地区关闭煤矿数量统计

一、国外关闭矿山转型利用实践

美国利用丹佛市附近 Leyden 废弃煤矿，建成世界首座废弃煤炭矿井地下储气库；美国得克萨斯州开采了 70 年的卡尔盐矿，在废弃坑道两侧建有 1.5 万个房间的地下仓库，作为地下储物仓库；美国南达科他州一处废弃金矿，其地下空间被斯坦福大学用来做极深地实验，用于提供粒子物理前沿领域的暗物质直接探测实验等重大研究课题所需要的深地低辐射环境；德国鲁尔工业区煤矿将废弃的矿井生产系统、采矿设备、工业场地等开发为矿山博物馆和休闲度假区；德国 Prosper-Haniel 煤矿将废弃矿井改建成抽水蓄能水电站；芬兰奥陶克恩普利用废弃煤矿开发矿井乐园和博物馆；英格兰东北部废弃的 Billingham 矿山转变成一个 400 万 m^3 的废物存贮设施；瑞典瓦德斯特曼兰德郡撒拉镇利用废弃银矿井建立各种观光设施，在矿井深处，建成了一家五星级"地宫酒店"。

德国鲁尔工业区拥有悠久的采矿历史，硬煤开采业可以追溯到 19 世纪初。100 多年来随着采矿业不断发展，由数百家矿业、钢铁和化工公司组成的鲁尔工业区逐渐发展成为德国"工业心脏"、欧洲煤炭开采和钢铁制造中心。第二次世界大战后德国的经济腾飞，即所谓的"经济奇迹"，主要是基于硬煤产量的迅速增长，鲁尔工业区丰富的煤炭资源保障了新兴重工业产业的能源需求，为经济的迅速腾飞提供了重要的物质基础。然而，从 20 世纪 50 年代后期开始，受到国际能源市场冲击，鲁尔工业区煤炭行业开始逐步走向衰落，2018 年 12 月，鲁尔工业区长达数百年的煤炭开采历史正式宣告结束。后矿业时代遗留了大量废弃煤矿地下空间，如何利用这些宝贵的地下空间促使鲁尔工业区工业转型升级、实现社会经济可持续发展成为北莱茵 – 威斯特法伦州政府面临的难题。这其中，大力开发可再生能源、利用废弃煤矿地下空间建造抽水蓄能电站存储可再生能源，为北莱茵 – 威斯特法伦州能源转型发展提供了新的思路。为此，鲁尔集团（RAG）联合多家本地科研院所在即将闭坑的 Prosper-Haniel 矿区开展了废弃煤矿地下抽水蓄能电站的可行性研究，结合当地条件制定了相应工程设计（图 1.3）。

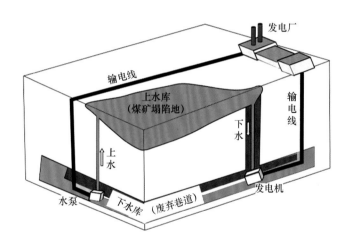

图 1.3 废弃煤矿地下抽水蓄能电站

①充分利用现有竖井资源，将 4 个现存竖井改造为运输、电力输送、逃生及通风竖井。②上蓄水空间利用地表采空沉降区低洼稳沉地势，人工建造堤坝拦截筑造。③下蓄水空间在地下岩石力学性质稳定区域重新开挖，由一个超过 15km 长的环形蓄水池组成（由于相对昂贵的防水支护措施，经测算，重新开挖环形蓄水池成本低于改造加固同等体积的采煤地下空间）。④连接上下蓄水区域的压力管道需重新开挖。⑤地下机器硐室可利用现有地下车场、硐室改造加固而成。⑥ 110kV 高压输电经升压后与 220kV 高压主电网连接。

试点研究显示，Prosper-Haniel 矿山为新闭坑矿山，闭坑工程措施还未实施，拥有优良的可达性；矿山按照最新安全标准建造，地下巷道拥有完好支护措施，地下车场、硐室的围岩稳定性良好；矿山采深超过 1200m，拥有巨大的水力落差；同时，地下存在丰富的矿井水资源，满足大容量抽水蓄能电站建设要求。综上，利用鲁尔工业区典型废弃煤矿建造地下抽水蓄能电站理论上是可行的。但是，由于煤炭矿区地下不稳定的沉积岩构造限制了地下蓄水区域施工建造，工程设计前期需要投入大量资金在围岩稳定性相对良好区域重新建造地下蓄水区域，加之改造现存地下空间需要采取适当支护加固措施，相比金属矿山，工程建造成本显著提高。其中，建造地下蓄水空间是电站成本过高的主要原因。据初步核算，在目前条件下，废弃矿山地下抽水蓄能电站建造成本大约为同等规模地上抽水蓄能电站的 1.5 倍。

二、我国关闭矿山开发利用历程和现状

我国关闭矿山资源化开发利用相对起步较晚，关闭矿山开发利用内容主要包括建设矿山公园、建设地下水库、老采空区煤层气综合利用等方面（表 1.2）。我国在建设矿山公园方面开展工作较多，截至 2020 年已建成开放或获批在建的国家矿山公园共有 120 多个，其中包括河南焦作缝山国家矿山公园、河北唐山开滦国家矿山公园等，都是我国开发利用关闭矿山正效应资源的典型代表。

表 1.2 关闭矿山环境正效应资源化开发利用典型范例

正效应开发利用类型	矿山环境正效应资源化开发利用内容
旅游科普开发	河北唐山开滦国家矿山公园、四川乐山嘉阳国家矿山公园、山西太原西山国家矿山公园、河南焦作缝山国家矿山公园等
地下空间利用	神东矿区建成关闭矿井地下水库，储水总量 $3.1 \times 10^7 m^3$；北京门头沟地下停车场；呼和浩特市 G6 高速公路旁冒璃冷链物流仓储园
矿井水综合利用	山东枣庄废弃煤矿矿井水资源化利用达到饮用水标准

续表

正效应开发利用类型	矿山环境正效应资源化开发利用内容
煤层气开发利用	山西晋城煤业集团已施工 10 口关闭煤矿地面井，7 口井已成功产气，平均日产气量 2000m³
矿井热资源利用	山东红旗煤矿利用回风井、矿井水、土壤源等多源热泵技术，实现矿井热资源开发利用
煤矸石回收利用	辽宁抚顺老虎台煤矿采煤沉陷煤矸石回填区建成城市葵花公园

第六节　废弃矿山环境正效应开发利用存在的问题

"垃圾就是放错地方的资源"。以前认为矿业工程活动对环境的影响是负效应、是"包袱"，可是如果用统筹和长远的眼光看待采矿对人类生存所产生的影响，就会发现废弃矿山不仅是资源，更是矿业产业链中一个全新的发展空间。我国矿产资源大规模采掘的时代晚于欧美发达国家，出现大规模矿山关闭、废弃较晚，对于矿山正生态环境效应的研究也起步较慢，尚未形成科学、系统的矿山正生态环境效应研究体系。在当今我国可持续发展、新型城镇化建设、绿色矿业的发展背景下，关闭矿山正生态环境效应受到前所未有的关注，蕴含在其中的地下空间资源、土地资源、科普文化旅游资源和生态服务等属性应当被充分挖掘，变废为宝，延长矿业经济产业链。在矿山全生命周期中，矿山关闭在矿山全生命周期中占用的时间最长，但是废弃矿山环境正效应开发利用仍存在不少的问题。

一、制定矿山关闭后正效应开发利用的环节尚不及时

矿山关闭规划应与矿山开采同步，进行矿山正效应开发利用规划，越早越好。也就是说，制定闭矿规划时要注意以矿山环境正效应的开发利用为规划重点。

二、确立矿山关闭后正效应开发利用的目标尚不明确

一般来说，闭矿规划的主要目标是了解矿区矿产资源，提升矿产资源利用率；为矿山关闭预留足够资金，保证闭矿处理工作顺利进行；恢复矿区周围环境或将环境破坏程度尽可能降低；合理布局矿区经济，确保矿区经济转型与可持续发展。

三、规划矿山关闭后正效应开发利用的指标尚不清晰

为了显示闭矿目标的完成情况，在矿山关闭后正效应开发利用的目标下设立具体要关注的指标，见表 1.3。

表 1.3　矿山关闭后正效应开发利用的指标

指标类型	子类型	具体指标内容
资源矿产利用指标	剩余矿量	高、低品位矿石量，残矿量，矿柱残留量
	已开采矿量	可利用矿石量，采矿废石量，尾矿量
矿山关闭费用指标	环境成本费用	资源税，排污费，生态补偿费，土地复垦保证金，水土保持费，矿山环境恢复治理保证金
	人员安置费用	一次性安置费或经济补偿金，工伤、工残人员和职业病人员费用，抚恤人员费用，退养家属费用
	清算费用	资产评估、审计费用，诉讼费，清算组人员费用及办公费，清算期间的维护费，清算期间职工生活费
	其他费用	移交设施补助费，社会保险费，拖欠费用（职工工资、补助等）
矿区环境治理指标	物理化学指标	水土流失综合治理率，地表沉陷情况，土壤污染情况，矿区"三废"处理达标率等
	生态环境指标	野生植被，野生动物保护，矿区生态景观建设，人体健康等
	其他指标	土地复垦率，矿山遗留设施利用率，矿井水资源利用率，尾矿利用率等

通过对开发利用指标的分析，可以对关闭矿山环境正效应的资源化开发利用情况进行综合评价与全面了解，以便更加合理地配置资源。在各个期间分析矿山关闭费用指标，对当期可能发生的闭矿责任进行确定，预计各期的开发利用工作，进而估算闭矿所需费用，预留正效应开发利用资金。通过对矿区环境治理指标进行计算，评价矿山企业环境治理效果，指导矿区环境治理工作。

此外，制定闭矿完成标准，来确定闭矿最终的效果。让土地恢复到可利用状态，废水废料的处理达到标准，矿区生态破坏程度控制在合理范围等，为了使效果评价有据可依，应对各种标准所对应的指标进行定量评价，以使得闭矿工作进展顺利。

四、激励矿山关闭后正效应开发利用的政策尚不充分

国家出台激励政策，对闭矿工作中的相关税费予以减免，各会计期间确认的闭矿费用，也可允许税前扣除。例如，建立专项资金，为企业闭矿工作提供资金保障，推进关闭矿山环境正效应开发利用工作顺利进行。

第二章　国内外矿山环境正效应开发利用实例

自第一次工业革命以来，各国社会经济的快速发展和居民生活水平的提高离不开矿产资源的支撑。时至今日，部分矿山已面临资源枯竭，或因政策和灾害造成废弃。据统计，20世纪以来全世界的废弃矿区面积近7万 km^2。尽管这些矿山大多遭到废弃或者关闭，但是随着矿山环境正效应的逐步挖掘，废弃或者关闭矿山正在变废为宝，使矿山焕发出新的生机和活力。

第一节　国外矿山环境正效应开发利用实例

本节将介绍加拿大、德国、英国、美国、日本等矿业发达国家在关闭矿山环境正效应开发利用方面的典型案例。

一、加拿大布查德矿坑花园

布查德矿坑花园位于托特湾，距离加拿大不列颠哥伦比亚省维多利亚市大约21km，花园占地超过55acre（1acre=0.404686 hm^2）（图2.1）。100多年前，该矿坑曾是当地水泥厂的石灰石采坑，在资源枯竭以后被废弃。布查德矿坑花园保持了矿坑的独特地形，依据矿坑地形修复为具有观赏价值的矿坑花园。

此外，利用矿坑内原有的道路改造为花园的观赏小路，供游人参观。

图 2.1　加拿大布查德矿坑花园

图片来源：https://www.sohu.com/a/356920926_120343146

二、德国鲁尔工业区矿业博物馆

德国波鸿市位于鲁尔工业区中部，西邻埃森，东接多特蒙德。鲁尔工业区中心的矿业博物馆始建于 1930 年，是全球重要的矿业博物馆之一，这里记录着鲁尔工业区工业化的历程，展示了工业文明和文化，使波鸿这座人口约40 万人的城市被誉为鲁尔工业区新兴的文化城。

鲁尔工业区的矿业博物馆让游客走进历史，身临其境地感受工人的呐喊、机械的轰鸣以及矿山的震撼（图2.2）。这座博物馆设有展厅20余处，陈列着撅头、风镐、采煤机等采矿工具，卷扬机、绞盘等运输工具，排水和通风设备，以及各式各样的矿灯和各种矿井支架，展示了鲁尔工业区煤炭工业的发展历程。除了实物和模型，在一些展厅设有关于矿物学、选矿、海上采油等方面的知识图版和地下采矿的体验厅，机械化的现代采煤工作面和2.5km长的巷道网供游客体验真实的地下采煤工作面。博物馆最高的观景点位于采矿场上方的提升井架。这座68m高的井架见证了波鸿市从矿业城镇转变为文化城市的历史历程。

图2.2　德国鲁尔工业区矿业博物馆

在2009年，矿业博物馆进行了扩建，新建筑是一个1795m²的扩建结构，与既存结构之间通过连接桥相连。扩建结构容纳了临时展厅和原有的永久性藏品，这些藏品都是为了纪念圣芭芭拉（Saint Barbara）——矿工们最敬仰的圣人，而在这里展出的新建筑反映了采矿场的横剖面，结实、较暗的黑色立方体内嵌入明亮的通道和矿井。立面粗糙、黑色表面的设计灵感来自煤炭。通道的颜色范围较广，从白色到浅橙色，再到深红色。这座建筑看起来像是直接从矿场截出来的一部分，一条从内至外的清晰通道避免了任何死角的产生。

三、英国威尔士 Llechwedd 岩洞

石材是建筑业、工业、交通业等行业必不可少的建设原材料。位于英国威尔士采石小镇布莱奈费斯蒂尼奥格的 Llechwedd 岩洞，在 19 世纪 80 年代时矿场每年可以生产 2 万 t 的石材（图 2.3）。随着 20 世纪 60 年代以后城镇建设对石材需求量的逐渐减少，采石场采掘活动停止并改造成为工业旅游景观。Llechwedd 岩洞广阔的地下采掘空间为发展旅游项目提供了良好的场地条件，在地下采空区开发了洞穴滑索、巨型蹦床和空中障碍等娱乐项目（图 2.4）。

图 2.3　英国威尔士的 Llechwedd 岩洞

图片来源：https://baijiahao.baidu.com/s?id=1588463204419212593&wfr=spider&for=pc

图 2.4　Llechwedd 岩洞中的巨型蹦床

图片来源：http://www.zangdiyg.com/article/detail/id/34.html

Llechwedd 岩洞中开发的巨型蹦床，由 3 组蹦床构成，至今仍是世界上最大的地下蹦床，第一组蹦床距离地面 6m 多高，第二组离地约 18m，第三组离地近 60m。3 组蹦床由长达 18m 的滑链稳固连接，其周边设有 3m 高的防护网墙，让游客可以在离地数十米高的蹦床间来回穿梭。

四、罗马尼亚图尔达盐矿地下主题矿山公园

盐是人类生活乃至生存的必需品，因此盐矿具有十分重要的地位。盐的来源有很多种，如土盐、湖盐及矿盐等，都可以加工成食用盐。盐矿是从地下矿场提取盐的场所，与煤矿的开采十分类似，但是盐矿的地下空间相对稳定，使其在运营结束后地下空间具有很高的利用价值。位于罗马尼亚西部的图尔达盐矿，自 17 世纪开始一直运营到 1932 年才结束了漫长的开采而被废弃。第二次世界大战期间，图尔达盐矿被改造为当地居民的战时临时避难所，用于躲避战乱（图 2.5）。20 世纪 90 年代初期，在当地制造厂商的设计和投资

下，图尔达盐矿被改成为一座地下主题矿山公园（图 2.6）。

图 2.5　罗马尼亚图尔达盐矿改造的临时避难所

图片来源：https://baijiahao.baidu.com/s?id=1588463204419212593&wfr=spider&for=pc

图 2.6　罗马尼亚图尔达盐矿地下主题矿山公园

图片来源：https://baijiahao.baidu.com/s?id=1669695042598556601&wfr=spider&for=pc

在地下主题矿山公园内，游客通过乘坐电梯直达地下 120m 处，这里设有摩天轮、迷你高尔夫球场、保龄球馆、露天剧场、乒乓球桌和运动场，以及讲述矿山历史的博物馆。此外，这里还是一个天然的养生馆，由于地下盐矿温度长期保持在 11~12℃，湿度相对地面较高并且没有任何过敏源和细菌，咸味空气已被证明具有治疗特性，尤其是对于呼吸系统疾病，该矿深受呼吸道疾病的患者欢迎。

五、波兰克拉科夫维利奇卡盐矿地下教堂

位于波兰克拉科夫附近的维利奇卡盐矿是欧洲最古老的盐矿之一，制盐

的历史可以追溯到 10 世纪，1978 年被联合国认定为世界文化遗产。17 世纪初期至中期，盐场每年约生产 3 万 t 的盐。因 18 世纪后期奥地利军队占领该地区，盐场停止生产。地下盐矿最浅处距离地表 64m，最深处在地下 327m，地下通道总长度约为 250km。

波兰维利奇卡盐矿在 2007 年建成一座集地下酒店、咸水浴、盐湖、餐厅、疗养院、博物馆、美术馆、教堂于一体的疗养胜地（图 2.7）。此外，盐矿巨大而稳固的地下空间，还能够承办音乐会、艺术展等活动，让参加的人群在盐矿的地下空间中感受与地上建筑完全不同的文娱体验。

图 2.7　波兰维利奇卡盐矿地下教堂

图片来源：https://baijiahao.baidu.com/s?id=1588463204419212593&wfr=spider&for=pc

https://view.inews.qq.com/a/20200911A08VFF00

六、美国肯塔基路易斯维尔 MEGA 巨型洞穴

在美国肯塔基州路易斯维尔动物园下方超过 100ft（1ft=3.048×10^{-1}m）处，形成地下采空区面积约为 100arce 的石灰石矿。采石场关闭改造成为路易斯维尔 MEGA 巨型洞穴，供极限运动爱好者进行山地车越野和地下极限运动（图 2.8）。

图 2.8　MEGA 巨型洞穴中的山地车越野

图片来源：https://louisvillemegacavern.com/attractions/mega-tram

隐藏在美国肯塔基州路易斯维尔下面的是一个面积超过 37 万 m^2 的洞穴，

曾在古巴导弹危机时期被作为防空洞使用。如今，MEGA 巨型洞穴已由大型仓储空间改造成为旅游景点和极限运动场地（图 2.9）。

图 2.9　MEGA 洞穴地下极限运动场地

图片来源：http://m.nanrenwo.net/article/52565.html

七、日本神户国营明石海峡公园

20 世纪 50 年代到 90 年代中期，日本国营明石海峡公园曾是一处大型采石采砂场，为修建关西空港以及大阪与神户城市沿海的人工岛提供了超过 1 万亿 m^3 的砂石，挖掘深度达 100m 以上，形成 140km^2 左右的裸露山体。

20 世纪 80 年代开始，该岛所在的兵库县委托著名设计师进行规划设计，并成立了绿化专家委员会，进行植被恢复。规划强调恢复自然的状态，形成良好的景观和创造为人服务的游憩空间，其主题是"使园区得到生命的回归"。

整体目标首先是治愈山体几十年来被开采留存的伤痕。绿化专家委员会认为种植必须从苗木开始，而成树在这样恶劣的自然环境中难以成活，苗木却能顺其自然，因此从 1994 年开始了总计 24 万棵苗木的栽种工程。而科学的种植方式使这一计划得以实现，具体包括在基岩上固定蜂窝状的立体金属板网，灌入新土后覆以草帘，以涵养水分。灌溉系统采用埋置聚乙烯管。

同时，由于当地降水量较低，因此为了满足植物生长的需要，采用收集地表水、中水循环再利用等技术。雨水收集管埋设于道路下方，同时，公园还要成为区域的基础服务设施，包括国际会议中心、星级旅馆、大型温室、露天剧场等设施的休闲场所（图2.10）。

图 2.10　日本国营明石海峡公园

八、美国东阿纳康达铜矿修复改造项目

东阿纳康达铜矿自1894年开始投产建设，一直是当地的明星企业和经济支柱，东阿纳康达铜矿周边2mi（1mi=1.609344km）的范围大约居住着1万名居民。铜矿的旧址占据了大片的土地，由于缺乏合理有效的处理措施，严重阻碍了当地经济的发展。同时，经济的发展也是以破坏当地环境为代价的，原铜矿地点的土壤中金属元素含量经过一个多世纪的累积，浓度已经相当高。美国环境保护署同当地政府和土地所有者密切合作，将一片不毛之地变为远近闻名的旅游和娱乐景点（图2.11）。

图 2.11　东阿纳康达铜矿高尔夫球场开发利用前后对比

　　由于铜矿所在地面积辽阔，其中对环境破坏最大的一块大约 1500acre，在 1880~1902 年，曾经是冶炼加工场所，这块区域有超过 150 万 m^2 的土壤、矿渣及管道的残留物。依托周边壮观的山区风景和原有的历史风貌，美国环境保护署将此地开发成为具有地方特色的高尔夫球场，在地面上覆盖了 15~20in（1in=2.54cm）的干净土壤，并在其上种植绿植，安装了排水系统，其他区域只覆盖未污染的土壤，以最大可能保持原貌，使得在球场中的漫步成为一次独特的怀旧之旅，人们在打球的过程中，历史上铜矿独特的冶炼场景尽收眼底。

东阿纳康达铜矿的开发利用，不仅将原先的矿物城变为一个旅游胜地，高尔夫、徒步旅行、钓鱼及打猎等娱乐活动多样，使千疮百孔的小镇恢复了历史原貌和生态系统多样性，而且带动了地区经济的发展，为小镇创造了大量就业机会，每年为当地增加 75 万美元的税收。

第二节　国内矿山环境正效应开发利用实例

一、上海佘山采石场蜕变为深坑酒店

上海市松江区的佘山脚下，建设有一座由第二次世界大战期间开采石材遗留的采石场改造的深坑酒店（图 2.12）。这里之所以能够在采坑中间建设一座酒店，既由采坑的自身条件决定，也有其区位的影响。这座采坑深约 88m，面积约 5 个足球场大小，巨大的地下空间和采石场稳定的边帮，让建筑物沿着坑壁搭建具有很大的优势。

图 2.12 上海佘山世茂深坑酒店

图片来源：https://bbs.zhulong.com/102010_group_773/detail32547152/?f=bbsnew_SG_10

这座深坑酒店已于 2018 年 5 月试运营。昔日废弃的陡峭崖壁，如今蜕变成了诗情画意的栖居地，它不仅开创了一种自上而下的建筑方式，而且成为人类建筑理念中史无前例的创举。

二、浙江石材矿山变身"国际赛车场"

宁波国际赛车场位于浙江省宁波市北仑区春晓镇海陆村爬山岗（图 2.13），这里曾是一座建筑石料矿山，以前被当地人称为牛头颈的矿山，2012 年停止开采。之前山体边坡裸露，岩石松动，生态环境较差，还存在一定程度的安全隐患。本着先修复、后改造的原则，当地对 4.6 万 m² 的区域进行台阶削坡、锚固岩体、挂防护网、喷播复绿等生态治理。

图 2.13　浙江石材矿山变身浙江宁波国际赛车场

图片来源：https://www.sohu.com/a/164466952_503404

2015 年，矿山后续利用被提上日程。当时，北仑区已初步形成汽车制造产业链，开始谋划打造工业旅游新品牌，形成既能造车又能玩车的全生态链系统。于是，相关企业提出投资建设赛车场。对赛车场的建设运营方来说，这里堪称一处完美的"宝地"。全长 4.01km 的国际赛道建在山间平地，可容纳上万名观众的看台依山而建，22 个弯道随山势起伏，高差达 24m。利用废弃矿山的独特地势，它成为全球唯一的高山台地赛车场；容纳 1.4 万名观众的山坡看台紧挨着赛道，居高临下，视线极好。2017 年 10 月 14 日，宁波国际赛车场迎来了首秀：WTCC 世界房车锦标赛、CTCC 中国房车锦标赛和国际汽联 F4 中国锦标赛。2017 年，赛车场已吸引近 30 家车队入驻。除了举办方程式赛事，赛车场还拓展了卡丁车、赛道模拟器、赛车培训、赛道摄影、汽车表演秀场等多种文旅项目。

三、浙江海盐澉浦镇矿山塑造"影视基地"

浙江海盐澉浦镇（南北湖风景区）大旗山，这里原来是一个废弃的矿区，现在经过改造已经成为海盐南北湖影视基地有限公司的主要外景地（图2.14），展现出了独特的风貌。南北湖影视文化创意产业园主要建设内容

图 2.14　浙江海盐澉浦镇影视基地

图片来源：https://www.sohu.com/a/224451078_99986028

包括"一园、两区、三中心",即影视主题公园、影视文化公司集聚区、影视拍摄外景区、影视制作中心、影视服务中心和会展交易中心等 6 个功能区及相关基础设施。

浙江海盐澉浦镇成功引进浙江南北湖梦都影业有限公司、嘉兴鼎盛合盟影视文化传播有限公司等 48 家入驻。澉浦古镇风景秀丽的影视风景区吸引了全国各地的剧组来拍摄,由占地 300 余亩(1 亩 ≈ 666.7m²)的废弃矿区改造而成,建有多个小场景,如四方城、清风寨、北方民居、情报处大楼等,以配合不同场景的拍摄。近年来的《新雪豹》《伪装者》《黎明决战》等影视作品曾在此取景。

四、重庆渝北铜锣山废弃采石场摇变"小九寨"

位于重庆市渝北区的铜锣山中段区域赋存着丰富的石灰岩资源。20 世纪 80 年代起,该地就有大规模的碎石开采活动。随着矿山被挖空,周遭的植被、水系被破坏,留下了一个个满目疮痍的矿坑。曾有摄影发烧友在飞机上拍下一张俯瞰图,铜锣山脉上密布着废弃矿坑,触目惊心,犹如一串"伤疤"(图 2.15)。

2010~2012 年,铜锣山 26 家采石场被全面关闭。关停后的废弃矿区由 41 个较大的废弃矿坑开采区及影响区构成,面积共计约 14.87km²。按照"宜建则建、宜林则林、宜农则农、宜景则景"的原则,重庆市国土资源与房屋管理局对废弃矿区进行了综合整治和利用规划。

石灰岩比较疏松,其形成的矿坑往往无法蓄水,而这里部分矿坑里的石灰岩密度比别处要高,因此能够蓄水,浅则 3m,最深处达 50m,具有可利用的地下储水空间资源(图 2.16)。

图 2.15　铜锣山废弃矿坑俯视图

图片来源：中国日报中文网

图 2.16 铜锣山废弃矿区地下储水空间

图片来源：https://www.thepaper.cn/newsdetail_forward_14611718

https://m.thepaper.cn/baijiahao_14735277

五、河北邯郸紫山矿山生态公园

位于河北省邯郸市丛台区的紫山原是一座废弃矿山。近年来，丛台区加强环境治理，关停紫山附近小煤窑，整治工矿废弃地，修建紫山公园，在原来矿渣沟的基础上修建库容 30 万 m^3 的紫云湖水库（图 2.17）。目前，紫山生态修复工程栽植各类花草树木 80 余万株，周边环境质量得到提升。

图 2.17　紫山矿山生态公园开发利用前后对比

图片来源：https://www.sohu.com/a/201776721_219919

六、上海辰山植物园矿坑花园

矿坑花园是上海辰山植物园景区之一，位于辰山植物园的西北角（图 2.18）。辰山是松江九峰之一，因"位于辰次"（即在"云间九峰"东南方），故名。矿坑原址属百年人工采矿遗迹，根据矿坑围护避险、生态修复要求，结合中国古代"桃花源"隐逸思想，利用现有的山水条件，设计瀑布、天堑、栈道、水帘洞等与自然地形密切结合的内容，深化人对自然的体悟。利用现状山体的皴纹路，使其具有中国山水画的形态和意境。矿坑花园突出修复式花园主题，是国内首屈一指的园艺花园。

图 2.18　上海辰山植物园矿坑花园

图片来源：http://www.deli2005.com/detail-113.html

七、浙江绍兴东湖景区

东湖位于绍兴古城的东部，距离古城约 6000m，以崖壁、石桥、湖面、岩洞巧妙结合，成为国内著名的园林，属于浙江省的三大名湖之一（图 2.19）。绍兴东湖虽然小，但由它的奇洞、奇石所形成的奇景使东湖成为稀有的"湖中之奇"。

绍兴东湖的历史最远可追溯到秦朝。秦汉时期，东湖一带成为采石场，隋朝时开采达到顶峰。大规模的开山取石，经过千百年工匠的辛劳，东湖如鬼斧神工一般，成就了无数的悬崖峭壁。清朝时，陶浚宣在此构筑园林，仿造桃源的意境，在湖上筑堤为界，堤内是湖，架桥建亭，于此东湖成为浓缩山水精华之地。

图 2.19 绍兴东湖风景区

图片来源：https://baijiahao.baidu.com/s?id=1663660229328162730&wfr=spider&for=pc

东湖原来是一座青石山，汉代之后，这座山便成了当地的一处采石场，经过长时间的开采，几乎挖掉了半座青石山，从而形成了高 50 多米的悬崖峭壁。开采工人又往地下挖了 20 多米，久而久之便形成了长约 200m，宽约 80m 的清水塘。

东湖利用了原有的自然环境和人文资源，并且借助古典园林的造景手法，在采石场建起一座围墙，将水面加宽，从而形成美丽的东湖。通过长期的人工修饰，如今东湖已经成为一处巧夺天工的大盆景。设计师因地制宜、因形就势，利用原有自然环境——采石场，再加以人工修复，达到了自然与人工的天然合一效果。

八、河北唐山南湖城市中央生态公园

唐山南湖城市中央生态公园是国家 AAAA 级景区，是集自然生态、历史文化和现代文化于一体的大型城市中央生态公园。令人难以想象的是，中央生态公园在未经开发利用之前，曾经是开滦130多年开采形成的采煤沉降区，而且是采沉区中对城市发展影响最大的一个沉陷区。自1996年，唐山开始实施南部采煤沉陷区生态环境治理与公园开发工程，最终形成了如今的南湖公园（图2.20）。

采煤沉陷区几十年逐渐稳定的沉降历程背后记录着河北唐山煤炭工业的发展和城市的变革。这片采煤沉陷区在经过几十年的沉降，沉陷区地表的平均高度已经低于市区近20m，相当于一栋普通6层居民楼的高度。随着沉陷区周边居民陆续搬迁，这里由矿业开发时代的繁华变成一片片废弃的渣堆和水坑。

图2.20 唐山南湖城市中央生态公园

20世纪末唐山市人民政府开始对其进行景观生态治理，改造步骤如下。

（1）生态恢复，水环境治理、大气环境治理、采沉区处理、植被恢复等。

（2）公园建设，建设城市公园、博物馆、休闲娱乐中心等。

（3）综合开发，在建成城市公园后对周边土地实施综合利用、综合开发等。

南湖地区景观生态设计包括如下内容。

（1）根据地质勘测确定规划期内塌陷波及区域和影响范围，估测积水范围，并进行建设适宜度分析。

（2）地形的改造和土壤的改良。结合地质勘测和场地内遗留物质的生态学特性进行"凿水造山"工程。

（3）水系统整治。地段内污染的青龙河改道与新形成的水面景观相分离。随着河道的迁移，对现状湖面进行清污，抽干湖水，清除垃圾，形成一片大的水面。大片沉降区的地表土壤及植物层将被清除，掘出的肥沃土壤转移到粉煤灰场和垃圾山，使在原有不毛之地上生长植物成为可能。

（4）景观生态系统——由田园小网格、边缘公园、绿地草场、芦苇地等组成的生态网络。从生态和美学角度考虑，使城市与绿地相互渗透，并界定了从开敞的水面到陆地的边界，发挥其生态效应，使采煤沉陷区形成特色景观。

九、山东淄博九顶山矿坑森林花园

2016年，淄博高新区工委投资3.2亿元，对九顶山进行生态修复，以"活力山林·峡谷胜境"为定位，打造城市的氧气供应地。经过为期3年的改造，如今的九顶山矿坑森林公园，已经是集生态旅游、地质观光、体育休闲、文化体验于一体的近郊生态运动公园（图2.21）。

图 2.21　淄博九顶山矿坑森林公园

图片来源：http://news.sohu.com/a/542462033_121117075；

https://baijiahao.baidu.com/s?id=1670154025641818285&wfr=spider&for=pc

第三章 内蒙古关闭矿山环境现状

　　矿山环境正效应开发利用在矿山全生命周期中位于矿山环境修复治理工作之后，处理完成矿山关闭后遗留的矿山环境问题，消除环境的不良影响之后，通过对关闭矿山及其周边存在的矿山环境正效应资源加以开发利用，实现生态环境协调、资源清洁化利用、矿业教育科研价值开发、旅游观光等正生态环境目标。

　　关闭矿山环境正效应开发利用首先要求基本查明矿业开发活动结束后存在的因矿业工程活动对矿山环境产生的不良影响与破坏，做出现状评价、预测分析，在矿山环境负效应基本消除后，系统梳理关闭矿山内赋存的矿山环境正效应资源类型，选取合理的开发利用目标后对环境正效应进行开发利用。

第一节 内蒙古关闭矿山概况

　　截至 2019 年，内蒙古共有闭坑矿山、政策性关闭矿山、废弃矿山和其他破坏区域 4350 个（处），其中闭坑矿山、政策性关闭矿山、废弃矿山共计 2024 个，其他破坏区共计 2326 处。其中，闭坑矿山 153 个、政策性关闭矿山 593 个（自然保护区内政策性关闭矿山 341 个，其他政策性关闭矿山 252

个）、废弃矿山 1278 个（历史遗留矿山 980 个、责任主体灭失矿山 298 个），主要为小型露天开采建材及其他非金属矿产（表 3.1）。

表 3.1 内蒙古关闭矿山数量统计表　　　　　（单位：个）

盟市	闭坑矿山	政策性关闭矿山			废弃矿山			合计
		自然保护区内政策性关闭矿山	其他政策性关闭矿山	小计	历史遗留矿山	责任主体灭失矿山	小计	
阿拉善盟		26	4	30			0	30
乌海市		13		13	5	3	8	21
巴彦淖尔市	16	11	9	20	51	42	93	129
鄂尔多斯市	6	56	46	102	36	23	59	167
包头市	15	55	39	94	1	6	7	116
呼和浩特市	1	54	28	82	3		3	86
乌兰察布市		17	25	42	98	6	104	146
锡林郭勒盟	46	73	41	114	75		75	235
赤峰市	19	18	37	55	657	85	742	816
通辽市	42	3	6	9	6		6	57
兴安盟		14	2	16		13	13	29
呼伦贝尔市	8	1	13	14	26	114	140	162
二连浩特市			2	2			0	2
满洲里市				0	22	6	28	28
合计	153	341	252	593	980	298	1278	2024

按照关闭矿山的分布区域，赤峰市最多，占比 40.32%；内蒙古闭坑矿山、政策性关闭矿山、废弃矿山占用、损毁土地总面积 20246.73hm²，主要占用土地类型为草地，面积为 10838.92hm²；矿山地质灾害主要为地面塌陷坑 261 处、崩塌地质安全隐患 143 处，以小型崩塌隐患为主，主要分布在赤峰市、锡林郭勒盟等地；固体废弃物堆共计 1908 处，固废总堆积量

25544.12万 t，鄂尔多斯固废堆积量最大。

截至2019年，内蒙古已治理矿山数244个，治理总面积5872.30hm²，治理总资金55466.06万元；未开采、地质环境未破坏矿山103个；已治理矿山仍存在占用土地问题，经统计占用土地总面积3416.10hm²，露天碱矿采场为湖面，总面积779.63hm²，这两类面积不计入还需要治理的面积中，因此目前仍需治理矿山共计1677个，需治理总面积16051hm²。

各盟市闭坑矿山、政策性关闭矿山、废弃矿山数量统计见表3.1。按照矿山类型统计，历史遗留矿山最多，为980个，占总数的48.42%；其次为自然保护区内政策性关闭矿山，为341个，占总数的16.85%（图3.1）。按照盟市统计，赤峰市最多，为816个，占总数的40.32%；其次为锡林郭勒盟，为235个，占总数的11.61%（图3.2）。

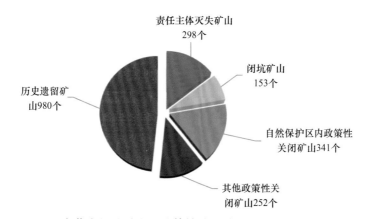

图3.1 内蒙古闭坑矿山、政策性关闭矿山、废弃矿山数量饼图

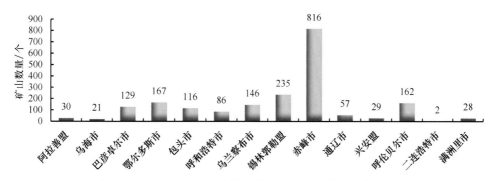

图3.2 各盟市闭坑矿山、政策性关闭矿山、废弃矿山数量柱状图

按照矿类分析，建材及其他非金属矿产最多，为 1725 个，占总数的 85.23%；按开采方式统计，露天开采矿山 1890 个，占总数的 93.38%；按矿山规模统计，小型矿山最多，为 1954 个，占总数的 96.54%。因此，内蒙古闭坑矿山、政策性关闭矿山、废弃矿山以小型露天开采建材及其他非金属矿产为主。

第二节　关闭矿山环境正效应开发利用途径

不论是关闭露天矿山还是井工矿山、煤炭矿山、非煤矿山，这些矿山在关闭后均具有挖掘矿山环境正效应资源的潜力。常见的关闭矿山正效应资源开发利用形式，如开采技术方法升级改进后进一步开发利用关闭矿区残留的矿产资源，改造和加固矿山的采坑、地下巷道作为地下空间加以利用，废弃矿区场地作为新能源和清洁能源的建设场地，矿山工业旅游开发等，都可以实现关闭矿山环境正效应的开发利用，变废为宝，化害为益。

内蒙古关闭矿山环境正效应的开发利用对保障国家能源安全与环境保护具有重要的意义。矿山正生态环境效应的理念由中国工程院武强院士于 2019 年提出，并给出诸多的正效应实现途径与开发利用类型。同年，全国人大代表袁亮院士在回答两会专访记者提问时曾指出：废弃矿井仍赋存大量资源，如果"一关了之"，将造成巨大浪费，并将引发安全、环境及社会问题等一系列"后遗症"。换言之，如果直接将矿井关闭或废弃，矿山内剩余的正效应资源将得不到开发利用，不仅造成资源的巨大浪费，一定程度上还可能会加剧矿山环境负效应并引发安全问题。据调查统计，内蒙古以煤炭为主的矿区关闭后赋存着储量可观的残留煤炭资源、土地资源、矿井水资源、地下空间资源、煤层气资源、煤矸石资源等多种资源，特别是地表和部分井下的废弃设备、材料仍具有再利用的价值。

确立科学的关闭矿山环境正效应开发利用目标是矿山环境正效应开发利用的基础。根据不同的关闭矿山环境开发利用对象和内容，关闭矿山环境正效应开发利用目标分为生态服务、残留资源与水资源、清洁能源、矿山土地与空间、科学研究场地及文化科普与旅游观光（表3.2）。

表 3.2　关闭矿山环境正效应开发利用目标

序号	正效应开发利用目标	关闭矿山环境正效应开发利用内容
1	生态服务	矿山生态碳汇产品、现代农业、生态观光农业、特色农业、立体农业、湿地农业等
2	残留资源与水资源	煤层气资源、瓦斯资源开发利用；残留矿物资源；矿井水（热）资源开发利用
3	清洁能源	清洁能源资源开发利用，如矿井热资源、光能发电资源、抽水蓄能电站资源、矿井浅层地热资源等
4	矿山土地与空间	矿山土地资源；仓储空间、地下城市、办公楼、地下水库、地下农业种植、地下固废处理与填埋、储油气场地、地下医疗、地下疗养院、防空洞等
5	科学研究场地	原位采矿技术测试，地下军事试验，地下科学实验，生态恢复实验等
6	文化科普与旅游观光	矿山科普基地、矿山公园、矿山工业遗迹、矿山地质博物馆等

一、生态服务开发利用

关闭矿山生态服务功能的开发利用，不仅对关闭矿区小空间的生态环境起到恢复作用，同时还能服务周边城镇的生态环境，常见的关闭矿山生态服务开发利用形式如畜牧业养殖基地、矿山湿地公园和矿山人工湖等，对关闭矿山周边环境涵养水源、净化水质起到重要的生态功能。畜牧业养殖基地中各类动物排泄物具有重要的生态修复功能，不仅给矿山的生态修复提供优质的有机肥料，经过加工后的动物排泄物能够作为人工湖和人工湿地内生物生长所需的重要蛋白饲料。特别是在农业技术的影响下，矿山生态服务正效应不再局限于植被的恢复，与各类农业开发利用技术有机组合，实现了重筑关闭矿山内生态系统和物质循环系统的良性循环。

（一）矿区现代农业开发利用

通常矿区内修复治理区域的生态条件和土壤质量相对原始条件仍然较差，在生产方式上要精耕细作，在生态服务和生产过程中依托高新技术改造传统农业，应用现代科技实行生产、加工、包装、流通、监管的标准化，在土地修复后的矿区实现高质量、高效益、高水平的矿区现代农业生产综合体系。

（二）生态观光农业开发利用

修复后的矿山土地作为以学习、体验、观赏、采摘、休闲为主的生态观光农业用地。以农业为依托，将农业与休闲观光旅游相结合，农业效益和旅游效益并重，其目标是满足人们返璞归真的心理需求，满足人们获取新知识的需求，满足人们得到生态食品的物质需求，形成生产与休闲功能兼容的农业形态。

（三）特色地域农业开发利用

为了提高关闭矿区的土地资源利用率、生物能利用率、废弃物利用率，利用独特的区域自然资源禀赋和独特的市场形成优势农业特色产品，在有特殊条件的矿山修复土地上通过育苗培育、成苗养护、产品加工等，种植和培育特色作物（如大果沙棘、葡萄），开发系列产品并形成种植、深加工产业链。

（四）立体农牧渔业开发利用

在关闭矿区内充分利用农产品对土地空间的不同需求，形成以配套发展水产养殖业、家禽养殖业、蔬果种植业及农副产品加工业为一体的综合生态农业，将废弃矿区按照地势高低构成水产、禽畜、农田、林带相间的景观格局。比如，在关闭矿区内地势低的地方形成人工库塘，建立养鱼、养虾等养殖区；地势高的地方，种植玉米、小麦等粮食或者蔬菜瓜果，也可以造人工林，林下养殖鸡、鸭、鹅等家禽，实现养殖和种植业共同发展。

（五）湿地复合生态农业开发利用

将关闭矿区中常年积水面积大、积水很深且不能做高产养殖区的塌陷湖开发为湿地，建立湿地生态系统，保护生物多样性，改善生态环境，并在天然湿地基础上将关闭矿区积水区域改造成以稻田、苇塘、鱼塘、小型水库为主体的人工农业复合生态系统。

二、残留资源与水资源开发利用

（一）煤层气资源开发利用

煤层气资源开发利用的重点是要摸清关闭煤矿瓦斯资源量及甲烷逸散和减排潜力情况，建立关闭煤矿瓦斯灾害评价、资源预测、抽采利用技术体系和政策保障机制，在关闭煤矿瓦斯资源丰富的地区推动关闭煤矿瓦斯治理和利用试点工程。通常属于低浓度瓦斯的关闭矿井数量居多，矿山内瓦斯的发热量较小，发电及民用燃气无法直接利用，因此低浓度瓦斯利用是提高瓦斯利用率极为重要的一方面。受开采的影响，煤矿的井下基本情况、水文条件、储层特征、资源量、地面情况等均处在一个动态的变化过程，如何克服这些不利因素，准确判断矿井瓦斯的开发价值，以及确定合理的抽放技术，是关闭矿山煤层气资源开发的关键。

此外，残留煤炭资源再利用可考虑关闭煤矿井式地下煤炭气化技术，将原先的物理采煤方法转变为化学采煤工艺，对闭井后的残留煤层进行地下气化。但是其经济性首先要建立在地质评价模型基础上，对气化煤层从地质条件、煤层情况、煤质情况、水文条件、环境影响和安全条件进行评价。

（二）残留矿物资源开发利用

残留矿物资源包括由于采掘方法落后而出现的矿床内的资源残留，如我国山西省浅埋煤炭资源开采历史悠久，但早期采煤法的回采率不足20%；内蒙古早期矿井采用房柱式采煤法，回采率约30%，约有2/3以上的煤炭以残留煤柱、护顶煤等形式残留井下，据估计仅鄂尔多斯市东胜区、伊金霍洛旗和准格尔旗，房柱式开采遗留煤柱量就超过23亿t。此外，各类固废、废液、废气在经过回收后能够被利用成为资源，如金属矿山尾矿库内堆存的尾矿砂、煤矿矸石山和排土场堆放的废弃岩土渣石，再如稀土矿区的尾矿砂和排土场堆存的稀土尾矿、废弃煤矿巷道和残留煤层富含的低浓度煤层气资源，这些资源随着对固体废弃物利用技术的进步，有用的矿物资源能够从中得到提炼、回收（表3.3）。

表 3.3 关闭矿山残留矿物资源开发利用

类型	关闭矿山残留矿物资源开发利用方向
煤层气	低浓度瓦斯燃料，浓缩瓦斯发电
残留矿物	矿柱资源回收，煤柱资源回收，煤炭气化回收
矿渣废石	生产碳酸钙、重质碳酸钙原料、铁路道砟、水泥、砂石骨料、硅砖、矿物棉、铸石原料、人造4A沸石、耐火黏土、冶炼熔剂、镁橄榄石型砂
煤矸石	矸石发电、矸石制砖、水泥、陶瓷、陶粒、铸造型砂、铝盐、聚合铝、黄铁矿、瓷砖
尾矿渣（砂）	生产矿物聚合物、水泥、水泥混合料、校正原料、混凝土细骨料、涂料；微量化学肥料、磁性肥料、钙镁磷肥、钾肥、土壤改良剂、石油压裂砂、铸造砂、釉料砂、石膏尾矿砖、广场砖、陶粒、微晶玻璃饰材、彩色琉璃型复合瓦、新型墙体材料、碳化硅、陶瓷、有机无机复合材料

（三）矿坑水（热）资源开发利用

关闭矿山矿坑水资源化利用途径如通过简单处理作为农业灌溉，深度处理作为居民生活用水，结合地下空间再利用提供应急饮用水源、汛期防洪保障，地温适宜开发区通过地热梯级利用实现供暖等。不过，由于矿井地下空间环境的特殊性，关闭矿山矿坑水的处理和利用难度远高于地表水，这就需要解决和处理好地下空间利用、完善自动控制技术、系统模块化和可移动化设计等诸多关键技术问题。此外，依据矿山不同开采深度特点，可基于地热梯度原理，科学合理利用水源热泵技术开发蕴藏在关闭矿山矿坑水中的热力资源。

（四）瓦斯资源开发利用

瓦斯抽采和发电技术可用于矿山生产过程，也可在矿山闭坑后再抽取蕴藏在煤层中的瓦斯并利用瓦斯发电。由于在矿山关闭前，瓦斯抽采发电煤矿在地面有完整的瓦斯抽采发电设施和设备，如瓦斯地面泄压孔、瓦斯集输管网和瓦斯地面电站等，在矿山闭坑后可利用原有的设备继续抽采。由于矿山闭坑排水停止、矿井水位抬升，瓦斯抽取强度降低，可通过疏降矿山水位、增加地面卸压孔数量以及压裂增渗等技术来继续抽采煤矿内残留的瓦斯资源并用于瓦斯电站发电。

三、清洁能源开发利用

减少温室气体排放，建立清洁低碳、安全高效的矿山能源资源开发利用发展机制，以清洁能源和可持续发展的绿色能源类型为主，不开拓新的能源资源开发利用场地，利用矿山原位空间以及原有的通风、运输、供电等系统，改造或升级现有开发利用技术手段，开发利用矿山中蕴藏的丰富残余资源、伴生资源，以及根据矿山可再生能源特点开发利用矿井水电能资源、瓦斯电能资源、光伏电能资源、矿井地热能资源和浅层低温地热能资源，严格控制对矿山环境的二次扰动。

（一）矿井热能资源

利用矿井热能资源开采技术，提取生产或闭坑矿山深部的地热资源。我国不少闭坑矿山深度达数百米，甚至超千米，大多数生产矿山将生产时的地热作为热害处理，极少得到开发利用。利用矿井热能资源开采技术，将矿井内较高温度的矿井水抽出，利用换热或者热泵将其中的热量交换出来，用作供暖、农业大棚养殖、洗浴等供热来源。

（二）光能发电资源

光伏电站对关闭矿山场地条件的适用性好、布置灵活，可利用矿山的开采沉陷区域、矸石山、露天矿山的排土场、采坑坑壁等区域布置光伏面板，在开发利用正效应资源的同时减少传统煤炭发电造成的资源消耗以及温室气体排放，是一种清洁的电力能源开发利用方式。

（三）抽水蓄能电站

关闭露天矿山采坑的空间优势不仅有开放式的地下空间，还有已经关闭的地下井工矿井，组合起来空间资源巨大。利用矿井的地下和地上空间建立抽水蓄能发电站，利用城市电网在电力负荷低谷时的多余电能将水抽至坑内上库，在用电高峰时发电补充负荷压力，以降低传统电力的运行成本，提高电力资源的利用效率。矿山中有大量的地下空间可作为抽水蓄能电站。例如，将井工矿采空区作为下库，在地表修建上库，或者利用露天矿采坑下空间与地下井工矿巷道连接，将采坑作为上库，地下井工矿采空区改造为下库等。因此，矿山抽水蓄能电站能够与光伏、传统电力能源一同在矿山内合作，实现城市电力系统稳定和高效运行。

（四）光伏电站

光伏电站属于国家鼓励力度最大的绿色电力开发项目。例如，利用露天矿山顶部平台、斜坡坡面以及采坑顶部周边地表的大量平面空间构建发电系统，能够与电网相连并向电网输送电力。

（五）矿井浅层地热资源

在矿山闭坑后，地下水水位恢复，利用原有的水文钻孔、地质勘查钻孔场地作为矿山浅层低温地热能开发利用的场地，结合单井等循环换热技术，提取蕴藏在含水层中的低温地热能用作建筑物供暖和制冷。

四、矿山土地与空间地下开发利用

土地资源是稀缺性质的资源，如果土地资源能够受到妥善保护或者被修复，都具有一定的经济、社会及生态价值。对矿山边界范围内未受到开采影响的农用耕地土地、矿山工业广场、废弃的建筑和办公场地等矿山土地资源加以改造并开发利用能够修复出大量土地资源。欧美等发达国家已经将废弃矿山的土地资源改造为殡葬用地，如美国密歇根州大西洋矿山公墓、得克萨斯州康塞普西翁煤矿公墓、亚利桑那州哈尔夸拉矿山公墓等。

充分发掘、利用矿山土地资源和地下空间资源，缓解城镇土地资源紧缺现状，解决土地资源需求的矛盾，建立与矿山周边城镇发展相适应、地下与地上相协调、科学系统的矿山土地与地下空间开发利用的规划、建设、管理、使用体系，配备地下消防、供电、照明、通风、排水、通信、监控、报警、标识等附属设施，实现矿山地下空间综合化开发利用。关闭煤矿的井下空间（井底车场、岩巷）可为城市建设服务，针对特定的井下空间的工程地质属性，建立地下空间分类体系，规划其应用途径，如地下水库、物资储备、地下农业地质以及观光旅游等。依据关闭矿井的实际情况，确定开发利用最大空间，闭矿前利用帷幕注浆、局部注浆加固、建挡水墙等技术，对井下利用空间和不利用空间实施科学隔离。

（一）矿山土地资源开发利用

在关闭矿区对受损土地资源进行土地修复和生态恢复的基础上，建立从初期的工业旅游形式逐渐向综合生态旅游方向转型的新途径，考虑利用关闭煤矿废弃土地原有自然条件开发工业生产实景旅游，拓展工业旅游项目，逐渐恢复矿区生态环境和形成旅游经济。主要以闭矿后地表遗留的建筑、土地和煤炭开采过程中产生的大量煤矸石的综合利用为重点，进行深入研究、利用。

（二）矿山仓储空间开发利用

矿山仓储空间具有防空、防爆、隔热、保温、抗辐射等诸多特殊的优势，同时开发利用地下仓储空间能够降低新建仓储空间成本，减少占用地面土地资源。开发利用露天矿山和井工矿山闭坑后拥有的大量地下空间作为仓储空间。

仓储空间开发利用的场所如井工矿闭坑后未垮落的井上、下安全空间，如采区水平大巷、主副井、避难硐室、中央泵房、中央变电所等；露天矿山的露天采坑、排土场等场所。在确保场地安全、稳定的前提条件下，根据仓储物品的性质，仓储空间能够被开发为战略物资仓储、流体和有害气体仓储、垃圾与固废仓储、商品物流仓储等。

利用废旧巷道作为特殊物资贮藏空间最为适宜，不需人员长时间或长期驻留，改造费用相对较低，包括军用物资、化学物资、工业危险废弃物以及对储存环境有特殊要求的物品。

（1）军用物资、化学物资，如炸药、雷管、枪支、农药、化学药品等。这类物品具有较高的防火、防爆、防盗要求，即使建在地表，一般也要远离城区。矿业城市的矿山大多位于城郊，而且又多深埋于地下，故储存此类物品尤为合适。

（2）工业危险废弃物。利用修复后的矿山生产系统，把经过预处理的大宗型废物和工业危险性废物堆砌到废弃的井巷、采区内，并采用一定的防渗透措施，防止有害成分扩散，不但可节约大量的地面空间，解决地表废弃物堆放场地紧缺的问题，而且可成为煤矿开发第二产业。

（3）对储存环境有特殊要求的粮油、果蔬等物品。粮油等食品对温度、湿度、空气成分要求比较严格，粮食贮藏的最适宜条件是温度15℃左右，相对湿度50%~60%，且环境通风良好。巷道可用较小的投资即可满足上述条件。粮油食品、果蔬物品需要低温保鲜，而井下巷道埋深大，受地面气候影响小，温度比较稳定。在温度降到一定程度后，在巷道、硐室周围岩体内形成了一定范围的低温区，积蓄了充足的冷量，维持巷道、硐室具有稳定的低温。所以，作为冷藏库使用时比常规冷库更具优势。

（三）矿山地下城市开发利用

将闭坑矿井开发利用为地下城市空间，既可以充分利用闭坑矿井的地下空间，又可以节省地面土地资源，产生良好的经济、社会、生态效益。在闭坑井工矿山，仍有不少结构完整、功能良好的平硐、大巷、配电室、避难硐可以改造为其他空间加以利用，同时井下的气候相对恒定、湿度宜人，这些特质条件适宜人类活动，地下矿井经过改造后能够成为居住、休闲、购物、疗养的重要城市配套空间资源。矿山地下城市开发利用中，需要考虑改造、加固井工矿山地下空间，同时需要提供电力、水源、交通运输、照明、通风、生活垃圾井下处理等城市配套技术。

（四）矿山地下水库开发利用

开发利用关闭矿井下的采掘空间储存矿坑水资源并实现矿坑水资源化循

环利用，可以同时实现水资源和地下空间的开发利用。利用煤矿采空区的地下空间，将采空区煤柱用人工坝体连接，配合矿井水入库和取水设施，建设地下水库（图 3.3）。

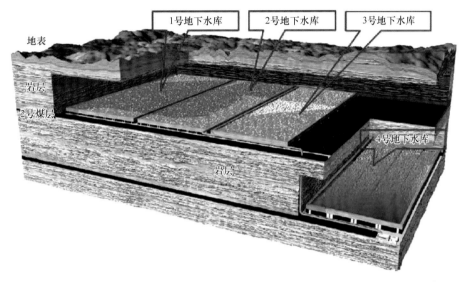

图 3.3　矿山地下水库示意图

图片来源：https://www.163.com/dy/article/HDTGEMP50512TRKA.html

矿山地下水库能将矿井水疏导至指定的采空区储存和调配，同时避免了地表水库中水的蒸发损失，是一种调配、利用、存储矿井水资源的开发利用形式，其存储和调配的运行成本要低于地表水库。

五、科学研究场地开发利用

在废弃矿山深部稳定的空间，将地下空间改造为适宜采矿、地质、水文、岩石、构造、核素迁移、工程屏障、工程建设等研究的原位实验场地或地下实验场所。例如，原位地下采矿科技实验，利用地下矿井调试生产技术参数、改良采矿生产设备；利用地下深部屏蔽宇宙射线的特点，成为地下暗物质探测实验室。

（一）地下原位科研空间开发利用

利用闭坑井下的生产空间模拟矿山生产的场景和条件，采矿原位技术实验、井下原位科学测试等科研空间都能够在矿山地下空间得以开发利用。利用矿山井下深度大、环境条件特殊等优点，为科学实验研究提供井下的原位实验场所或者为物理、化学、光学等前沿学科实验提供适宜的地下实验空间和实验室。在深部资源开采成为常态的形势下，迫切需要思考与研究以下难题：矿业工程活动方式诱发的高应力和高能级的灾害将会更加凸显，浅部开采理论与技术是否仍然适用？进入深部以后，高应力硬岩的开采技术、提升运输方式及深部充填降温技术如何革新？进入深部以后，尤其在矿床埋藏深、岩温高、岩爆倾向大、品位低、开采强度大的条件下，如何实现绿色、安全、高效、清洁生产？这些都是深部固体资源开采中必须面对且亟待优先探索的基础性科学问题与技术难题。

（二）矿山原位生态实验场地开发利用

矿区恶劣的生态气候，使得矿山生态环境的修复治理难度很高。随着近年"边开采边治理"理念的提出，对于开采过程中生态环境修复技术提出了非常高的要求。然而，出于生产安全、人员安全等因素的影响，生产在采的矿山难以满足生态修复实验的要求。这样一来，废弃矿山的地表土地就成为十分适合原位生态实验研究的场地，方便研究机构和技术人员开展原位的数据采集、气象观测、表面蒸发、物种演替等诸多实验，对于周边生产矿山的生态环境保护必将提供宝贵的实验数据与技术支撑。依托矿区地下得天独厚的空间资源，模拟最具影响力的地表生态圈的因素。在矿区地下环境仿造地球生态圈，将地下矿井资源变废为宝，打造地下健康稳定的生态及宜居环境，为未来扩展地下生态城市的构建奠定基础。

（三）深地科学实验场地开发利用

开展矿区前瞻性深部科学研究可以为人类走向地球深部、更好地开发利用地下空间奠定理论基础；同时，探索建立深地数据中心，充分利用地下蓄水和蓄热环境，将数据中心运行过程中产生的大量热量利用起来，在保障数据中心稳定运行的同时降低净能耗，而且可以提高数据中心的安全性和隐秘性。

地面实验室有时因很难模拟深地原位环境的天然条件限制，而一直制约"深地"科学的探索，迫切需要建立深地科学实验室。宇宙有失重效应，而深地环境有增重效应，同时具有"三无"（无宇宙射线、无太阳光、无氧气）、"三有"（高温、高压、高湿）特征。在现有的科技条件下，一方面，在3000m以浅建设地下实验室，针对深地特殊环境下的深地岩石力学、深地地震学及能源储存、地热开发等一系列科学问题进行实验室研究；另一方面，在3000m以深通过深地钻探技术再延伸到深地，建立深地空间舱，利用深地不同深度的原位极端环境开展小体量、有限空间的生命代谢及生物变异、深地微生物学与生命能量溯源及深地新材料物理化学合成等科学探索。尤其是利用矿山深部的稳定空间改造为实验空间，有效避免宇宙射线的影响，是暗物质探测的理想实验场所。由于地表扰动因素对科学实验的影响和限制，地下科研空间受到科学家的青睐，如我国的锦屏地下物理实验室、意大利格兰萨索深地下实验室、美国杜赛尔深地下实验室、美国桑福德深地下实验室、加拿大斯诺深地下实验室等都将实验室搬到了地下深处。而我国今后闭坑的深部开采矿山将不在少数，为科学实验提供了良好的深地科学实验场地。

（四）地下医学实验

地下医学实验室可以开展细胞及动物实验，研究细胞及一些常见病、多发病的动物在地下环境的生长发育规律，为充分开发利用地下空间提供健康保障与理论支持，同时，建立地下气道疗养研究所，对过敏性气道疾病、慢性气管、支气管炎等呼吸系统疾病的治疗和临床观察治疗及机制相关的基础研究。

六、文化科普与旅游观光开发利用

（一）矿山科普基地

矿山本身是一种文化象征，见证着人类探索自然的精神和利用自然的历史。在改善生态环境的前提下，通过保护关闭矿山的矿产地质遗迹、工业遗迹以及采矿遗迹等，使关闭矿山作为一种特殊的文化旅游产业。文化科普与旅游观光的具体开发形式如矿山公园、矿山博物馆、矿山地质遗迹景区等。矿山停采关闭后形成富有特色的矿业遗迹，在安全的前提下，可以建成集教学、生态和旅游等多功能的特色旅游区。关闭矿山文化科普与旅游观光资源根据其特点分为四类，见表3.4。

表3.4 关闭矿山文化科普与旅游观光资源分类

序号	划分依据	内容
1	矿种	煤矿遗迹景观、铜矿遗迹景观、玉石遗迹景观等
2	空间位置	地面矿业遗迹景观、井下矿业遗迹景观
3	资源的稀有性、观赏性、科学价值、历史文化价值、开发利用功能等标准	珍稀矿业遗迹景观、重要矿业遗迹景观、一般矿业遗迹景观
4	开采方式	露天矿业遗迹景观、井工（矿井）矿业遗迹景观

开发利用关闭矿山开采过程中揭露出的地质景观、典型地层、岩性、化石剖面、地质遗迹、古生物活动遗迹等矿山作为旅游观光和科普的场所，发展矿山的第三产业和科教文化功能。矿山文化科普则是发挥矿山环境正效应的重要途径，不仅科普了矿山知识，同时传播了节约资源、保护环境的观念。

（二）矿山公园

解决矿山对生态环境、自然景观以及土地资源产生的矿山环境负效应，在矿山关闭后形成富有特色的矿山景观，在保障场地安全的前提下，挖掘矿山的旅游资源，将其开发利用为集旅游观光、生态休闲和娱乐等多种特色的矿山旅游资源。针对矿山内的矿产地质遗迹和矿山生产工业遗迹，开发矿山地质博物馆、矿山地下观光游览、矿山生产模拟等旅游资源。以矿山人造景观为旅游观光开发利用对象，通过矿山环境的改造与环境修复治理，打造矿山公园、地质公园、生态公园及体能健身等场所，将矿山旅游开发为地区旅游支线或者特色矿山旅游观光项目。

文化娱乐旅游开发已成为废弃矿区产业转型的重要渠道之一。我国高度重视关闭矿区旅游开发，自 2004 年以来积极探索废弃矿区旅游开发路径，已有近百个矿山获国家矿山公园建设资格，如山西大同晋华宫国家矿山公园、四川乐天嘉阳国家矿山公园、江西萍乡安源国家矿山公园和河北唐山开滦国家矿山公园，为关闭矿区进行旅游开发、工业遗产保护及经营管理等积累了丰富的经验。

（三）矿山工业遗迹

开发利用关闭矿山的矿山文化科普教育资源，陈列、展示矿山的生产过程、开采技术和井下生产机械，向公众介绍矿山的地面、地下生产系统和设施，将矿山的知识以易于接受、理解和参与的方式展示，普及地质学和采矿学常识、矿山开采历史、矿山开采技术等内容，普及保护资源、节能减排、防灾减灾的科学常识，树立保护环境、节约资源、可持续发展的矿产资源开发利用意识。

第三节　开发利用途径的选取原则

选取关闭矿山的开发利用途径至关重要。从正效应资源利用最大化的角度，选择矿山环境正效应开发利用途径，要将关闭矿山地下和地上的空间综合利用起来，节约开发利用的场地资源；从未来能源结构转型和发展的角度，要确保开发方式的可持续性和低碳环保特性，防止关闭矿山的环境负效应加重和恶化；从未来城镇发展的结构、功能要求看，要服务于关闭矿山周边的经济和社会体系，满足推动城镇经济转型、服务城市未来发展的需求。从这三个视角出发，关闭矿山的开发利用途径选取要遵循空间立体化利用原则、绿色清洁低碳化原则以及区域化社区服务原则。

其中，空间立体化利用原则是指关闭矿山正效应资源的开发力求达到空间利用最大化，从高程空间、平面位置、产业供应链等角度立体化构建，关注开发利用的正效应资源之间物质和能量的流动性，实现正效应开发利用技术的优势互补；绿色清洁低碳化原则是指选择途径时要坚持可持续性和清洁发展的原则，客观评价开发利用的技术方法，严格防止开发利用后在矿山环境中造成新的矿山环境负效应；区域化社区服务原则是指矿山环境正效应开发利用注重以人为本、服务社会，减少矿山环境负效应对人和周围环境的不良影响，推动矿山周边城镇经济转型和社会发展。

第四节　开发利用技术方法列举

矿山环境正效应开发利用技术是实现开发利用途径的关键，影响着正效应资源开发利用的对象、范围以及产生的效益。

一、矿井残留资源与水资源开发利用技术

（一）瓦斯抽采技术

瓦斯抽采技术是一种开发利用煤层瓦斯资源、变害为利的技术。矿山环境正效应开发重点使用瓦斯地面抽采开发技术，通过深度预裂爆破、水力割缝、水力压裂、水力钻孔等方法抽取煤层中的瓦斯。瓦斯抽采后可减少矿井瓦斯涌出量，保障矿井安全条件，同时能够减少瓦斯的矿山环境负效应。

（二）煤炭地下气化技术

煤炭地下气化是一种开采效率高、危险性低、对环境影响小和经济效益高的回收矿井遗留煤炭资源的开发方式，适用于开采井工难以开采或开采经济性、安全性较差的深部煤层、"三下"压煤和高硫、高灰、高瓦斯煤层，利用煤炭的热作用和化学作用将煤炭从高分子的固态形式转换为低分子的气态形式，根据煤气与其他不需要的气体的物理特性和化学特性的差异将煤气过滤、导出并储藏，而残留气体留在煤炭原来的位置。

（三）煤柱回收技术

煤柱回收技术是一种回收井工煤矿预留煤柱、减少煤炭资源浪费的技术方法。为了确保煤炭开采时开采工作面安全，在矿山开采中会留设煤柱，因此造成资源浪费。留设的煤柱主要有边角残留煤柱、巷道保护煤柱、区段煤柱、建筑物煤柱等类型。煤柱回收需要根据煤柱的类型、煤柱的变形、煤柱的应力状态等具体设计回收工艺流程。

二、清洁能源开发利用技术

（一）光伏电站技术

我们对于光伏发电已不再陌生，是一种通过光电材料转化太阳辐射能为电能的清洁发电技术。其基本原理是利用半导体界面的光生伏特效应将光能转变为电能，具有无污染排放、无枯竭风险、不受分布地域限制、建设周期短等特点。光伏发电技术对场地的要求灵活，使其在闭坑矿山建设光伏电站成为可能。常见矿山光伏发电开发地点有露天矿采坑、排土场和采煤沉陷区等。例如，露天矿山内存在大量的裸露基岩面和陡峻的采坑台阶斜坡，这些空间通常难以修复成为平整的土地加以开发利用。光伏发电技术对场地的灵活要求，使其在闭坑矿山建设光伏电站成为可能。

（二）抽水蓄能电站技术

抽水蓄能电站是一种利用电力负荷低谷时的电能抽水至上水库，在电力负荷高峰期再放水至下水库发电的水电站，具有低谷储能的特点，使风能、太阳能等间歇性能源变得更加稳定。抽水蓄能电站在选址、建设等方面成本高、对地形要求严格，抽水蓄能电站上下两库必须存在特定的势能高差，且对岩性、构造条件也有一定的要求。当资源采掘结束后，关闭矿山形成了人工的势能高差空间，对井存在上、下高差的地形空间和地下稳定空间加以改造，使得矿井地下空间作为抽水蓄能电站成为可能。

（三）瓦斯发电技术

瓦斯发电技术是一种通过抽取赋存在煤层中的瓦斯作为动力能源材料的

发电技术。在煤炭矿山关闭后，地下残留资源以及压占煤层内赋存大量的瓦斯资源。在改进开发技术的条件下对关闭矿山内的瓦斯资源开发利用，既能以洁净的能源供应形式缓解能源压力，又产生一定的经济效益。

（四）矿井地热资源开采利用技术

矿井地热资源开采利用技术是一种开采和提取矿井排水、设备冷却水、废弃井巷内矿井水中的热量的技术方法，将废弃矿井作为蓄热系统，提取利用矿井水中的恒温热量，用于洗浴供热、建筑物室内供热以及农业供热等。

（五）矿山浅层低温地热开发技术

矿山浅层低温地热资源分布广泛、蕴藏丰富，具有可开发利用、可再生的潜力。利用矿山废弃的水文观测孔和地质勘探钻孔，结合地源热泵换热系统，能够开发蕴藏在矿山浅地表的地热资源，为建筑物供暖、供冷和制取生活用水。

第四章 内蒙古关闭矿山生态服务正效应开发利用实例

内蒙古地处我国北部边疆，呈狭长形状，东西跨度 2400km，这里不仅涵盖"三区四带"的黄河重点生态区和北方防沙带，加之其狭长的地理和区位特征，使其成为我国北方乃至全国最为重要的生态安全屏障之一。然而，大规模的矿产资源开发正在造成矿区生态系统退化，全区关闭矿山占用、损毁土地 202.47km²，其中草地面积达 108.39km²，占比 53.53%。截至 2021 年，废弃矿山待生态修复面积 143.75km²。

土壤资源和生物资源是矿山生态环境赖以维持的重要生态资源，而气候调节、养分循环、固碳释氧、削减二氧化碳、水源涵养、土壤形成与保护、滞留沙尘和生物多样性维持等是维持生态资源的先决条件。关闭矿山有大量可用于林、草、木和农作物生长的土地，经土壤改良、植被修复、生物多样性修复等，恢复土壤和植被的碳储存和固碳能力，将大气中二氧化碳以无机碳或有机碳形式固定在植被和土壤中，从而修复废弃矿区生态系统中植被和土壤的碳汇功能。

鉴于动植物分布与矿区气候、水文等条件的关联性，宜结合区域特征开发废弃矿山生态资源。例如，内蒙古东西部气候条件差异显著，东部（如兴安、赤峰、通辽等盟市）宜以乔木、灌木植物碳汇为主，中西部干旱、半干旱地区（如鄂尔多斯、巴彦淖尔、阿拉善等盟市）宜以乡土草本植被碳汇为主。将科学、可持续和绿色发展理念贯穿于煤矿规划、勘查、开发利用与保护全过程，在推进关闭矿山生态服务正效应开发利用的同时实现经济效益，实现关闭矿山的生态与经济效益"双丰收"。

第一节　赤峰市阿鲁科尔沁旗查布嘎山采石场生态修复

一、矿山概况

查布嘎山采石场位于赤峰市阿鲁科尔沁旗天山镇主城区北部，紧邻省际大通道。查布嘎山所在区域的地貌类型属低山丘陵，海拔为404.8~492.3m，呈"之"字形分布，地势由西南向东北逐渐降低，相对高差70余米。该地区属半干旱大陆性温带气候区，春季干旱多风、温差大，夏季短促炎热、降水集中，秋季凉爽少雨、光照充足，冬季寒冷漫长、多北风。全年平均气温约5.5℃，多年平均降水量338mm，降水分布季节不均，夏季降雨集中于6~8月，占全年总降水量的75%。

查布嘎山采石场的石材开采历史可追溯到1949年之前，曾经是支撑天山镇建筑业、交通运输业发展的重要采石场之一。20世纪70年代至90年代末为查布嘎山采石场的大规模开采期，直至2006年阿鲁科尔沁旗人民政府下令禁止采石，关闭了查布嘎山区域内的全部采石场，并将查布嘎山规划建设为天山镇森林公园园区的一部分。2017年9月，查布嘎山采石场矿山生态环境修复被《内蒙古自治区矿山地质环境保护与治理规划（2016—2020年）》列入重点项目之一。

查布嘎山采石场开采的几十年里，虽然石材在城镇和道路建设中的贡献功不可没，但是对当地生态环境的影响随着时间推移逐步累加，生态环境问题十分突出。查布嘎山原始地表被第四系松散堆积物所覆盖，在采石的影响下，西部山体不仅大面积基岩裸露，还形成了多处陡坡、采坑及废弃渣石堆。从采石场对当地生态环境产生的影响来看，存在的矿山环境负效应有露天采石场和零星固废堆对草地的破坏与土地资源的占用，以及采石形成的高陡边坡所产生的矿山次生地质安全隐患。

二、修复治理与开发利用历程

查布嘎山南坡横贯山体的东西走向陡崖长达610m，这里分布大小不一、形状各异的采石坑或取土坑30余个，这些山体陡崖和采坑边坡存在崩塌、滑坡等矿山次生地质安全隐患。此外，因采石而随意堆放在采坑周边的固体废弃物堆有30余处。

查布嘎山出现横贯山体的陡崖是山坡型露天开采建筑石料所形成的，坡度在43°~85°，高差12~33m。这些陡立面呈东西向线形分布，能够看到明显的地层岩性分界线，上层为紫色凝灰岩，下层为灰白色凝灰岩，由查布嘎山南坡的最西端一直延伸到山体的东侧。由于采场内裸露的基岩坡面陡峻，在降水、风化等地质动力因素作用下具有很高的地质安全风险（图4.1）。

图 4.1　查布嘎山陡崖和采坑边坡的次生地质安全隐患

查布嘎山这些陡崖并非天然存在，而是早期无序开采活动形成的裸露采场和工作面。由于陡崖的坡度陡峭且表土匮乏，这些陡崖大多无任何植被覆盖，自然生态恢复极为困难。不仅如此，采石场遗留的废渣（石）杂乱堆放，缺少合理的堆置规划，破坏了原始天然的牧草地和占用了大量土地资源，对原有的土壤生境系统、植物群落系统和物质循环系统造成了破坏，加重了对生态环境的负效应（图 4.2）。

图 4.2　查布嘎山采石场的裸露岩壁与废渣堆

　　针对查布嘎山采石场的生态环境修复治理与生态服务效应的开发利用从两方面实施：一是修复受损的地形地貌景观和解决陡崖可能诱发的矿山次生地质安全隐患；二是清理废渣堆的占地问题，恢复采石场周边的土壤和植被。在修复地貌景观方面，技术人员对陡崖坡度极大的区域进行了以垫坡、压实、整形为主的工程措施，而在坡面较缓的区域采取削坡、回填、整形的工程措施。这些工程不仅可以有效利用采石场周边的废渣堆，减小固废清运运距，实现以废治废，而且对两类变形土方进行调配，实现了土方挖填平衡，减少了外运土方对环境的二次影响。在次生地质安全隐患与地形地貌得到解决后，对工程治理的区域实施覆土工程、排水系统工程及道路工程，为接下来的生态恢复做准备。

　　从气象水文条件来看，查布嘎山所在地区多年平均降水量 338mm，全年平均气温约 5.5℃，气温和降水量是生态环境快速恢复的重要因素。工程人员采取分区恢复的思路，播撒适宜阿鲁科尔沁旗气候环境的乡土草种、草籽或是移栽乔灌木品种，并为局部重点修复和开发利用的六个区块配备了滴灌工程。

三、生态服务正效应开发利用效益

查布嘎山采石场自 2006 年停止采掘石料，历经 10 余年的历程，到 2019 年 10 月针对查布嘎山采石场历史遗留的矿山环境负效应工程治理和生态服务正效应开发利用工作结束。后期通过查布嘎山坡面的截水、导水及排水设施的完善，配合坡面生态景观恢复等工作，修复后的查布嘎山坡表面绿化率接近 80%，至此查布嘎山采石场影响区域内的矿山环境负效应修复治理和生态服务正效应开发利用的工程已全部完成（图 4.3、图 4.4）。

图 4.3　查布嘎山采石场修复治理前、后航拍图

图 4.4　查布嘎山采石场生态修复

查布嘎山采石场矿山环境负效应修复治理与生态服务正效应开发项目被列为阿鲁科尔沁旗矿山环境修复治理的示范工程,不仅改善了阿鲁科尔沁旗天山镇城区周边的地形地貌景观,使破坏区与自然景观相协调。同时,最大限度地减少了土地资源破坏,消除了地质安全隐患,改善了治理区域的地质环境和生态环境系统,为查布嘎山森林公园建设及区域植被恢复奠定了基础,创造了一个较好的人居环境,促进了治理区域内生态环境、经济建设和社会生活的和谐统一,支持了地方经济的可持续与健康发展。

第二节　赤峰宁城蚂蚁山铁矿田园
生态综合体开发利用

一、矿山概况

蚂蚁山地处赤峰宁城县天义镇南部,老哈河右岸,东小河左岸,总面积42km²,属丘陵山体形态,海拔550~710m,有台地、坡地、水沟、沙丘等多种地貌类型,沟壑纵横,人工尾矿沙丘绵延起伏。受地理环境、气候、地形等条件的影响,蚂蚁山植被类型较为复杂,蒙新、东北和华北三大植物区系互相汇集，植物交替渗入，以华北植物区系为主。据不完全统计，野生植物达 87 科 294 属 1000 余种（含苔藓植物 8 科 11 属 11 种），林木以桦树、松树、柞树、杨树的蓄积量为最大。

蚂蚁山西北部山区森林覆被率 37.73%；中部黄土丘陵沟壑区植被稀疏，植被覆盖率一般在 30% 左右，森林覆被率仅为 14.78%；中东部沿河平川区，由于土地开发历史悠久，自然植被稀少，森林覆被率仅为 13.4%；南部低山区，山体破碎、沟壑纵横，水土流失严重，山上林木稀少，植被稀疏，森林覆被率仅为 12.7%，植被覆盖率也只有 30% 左右。

蚂蚁山铁矿开采的十余年时间，给蚂蚁山、镇区及周边生态环境带来了不少麻烦。尤其是 2006 年之后，随着多家矿企挂牌入驻蚂蚁山开采含铁砂石矿，造成蚂蚁山铁矿区生态环境质量迅速降低、破坏严重，矿山次生地质安全隐患分布密集。然而，蚂蚁山在宁城县城镇的生态资源和生态服务系统中占有重要地位。蚂蚁山位于老哈河和其支流东小河两河相夹形成的"人"字形水系框架底部，在天义水库和西水东输生态廊道的上游，发挥着重要的水源涵养功能，其生态系统对保护县城及其下游的水资源安全具有重要的意义。据《宁城县城市总体规划（2011—2030 年）》，蚂蚁山为一座有特色生态的郊野公园，排在城市发展规划中"一山、一带、三廊、三园、多轴、多点"的首位。可见蚂蚁山的生态环境破坏，不仅扰动了矿区范围内的生态环境平衡，造成大范围的地形地貌景观损毁，更会直接影响未来当地城镇的发展和生态定位。

二、修复治理与开发利用历程

针对蚂蚁山生态环境保护和修复工作由来已久。自 20 世纪 50 年代末就曾在蚂蚁山利用植树造林、退耕还林等方式来治理当地的水土流失问题，保护和改良水土资源。但是，随着 2006 年之后无序的矿业工程活动，裸露的岩石、堆积的渣堆、遍布的矿坑不仅造成蚂蚁山满目疮痍，甚至形成"人造沙漠"，风沙四起。

从资源开发利用效益来看，蚂蚁山铁矿是海西期岩浆分异性岩体，铁矿石属于超贫软质铁矿，加之矿床分布相对零散且品位低，就开发利用的效益角度而言是不宜开发的。因此，蚂蚁山铁矿不能够采用集中大规模开采，而由一些小型矿产单位单独设点，独立开采。小规模的开发利用方式与无序的开采与乱排，加剧了蚂蚁山铁矿在开发时间段对环境的影响。2000年以后短短的十几年时间，原本平缓的蚂蚁山变成"丘陵"纵横，"凹坑"遍地，排土渣堆最大高差55m，采坑最大深度40m，大、小型次生地质安全隐患分布密集，生态环境损毁严重。

蚂蚁山的生态安全与城镇的发展紧密联系，当地提出了生态"田园综合体"作为蚂蚁山生态环境修复治理的方向，打造集现代农业、休闲旅游、田园社区为一体的特色城镇生态发展模式。宁城县蚂蚁山生态环境及生态环保治理项目占地总面积42.0km^2，分7个功能区开发利用蚂蚁山的生态环境正效应。

蚂蚁山的生态田园综合体修复工作，得益于宁城县的地理与水文气象条件，从农业种植、田园居住、景观、展示、农业加工五个方面，将农业活动、自然风光、科技示范、休闲娱乐、环境保护等融为一体，把农业、生态环境和旅游业结合起来，对受铁矿开采所影响的矿山环境进行生态服务正效应开发（图4.5~图4.8）。其中，花卉种植区占地12000亩，以建设生鲜药材种植基地、万亩花海、苗圃基地、高寒蔬菜种植园、特色水果种植园等为主；田园居住区占地800亩，建设有康养基地、中式民宿、西式庄园等田园居住区；观光休闲区占地500亩，修筑有观景台、蚂蚁山博物馆等设施；创意农业体验带占地2100亩，修建了农家乐、采摘园等体验场所；现代农业展示中心占地300亩，包含现代农业展示中心、育苗中心等部分；花卉加工基地占地200亩，建设了花卉加工生产企业。

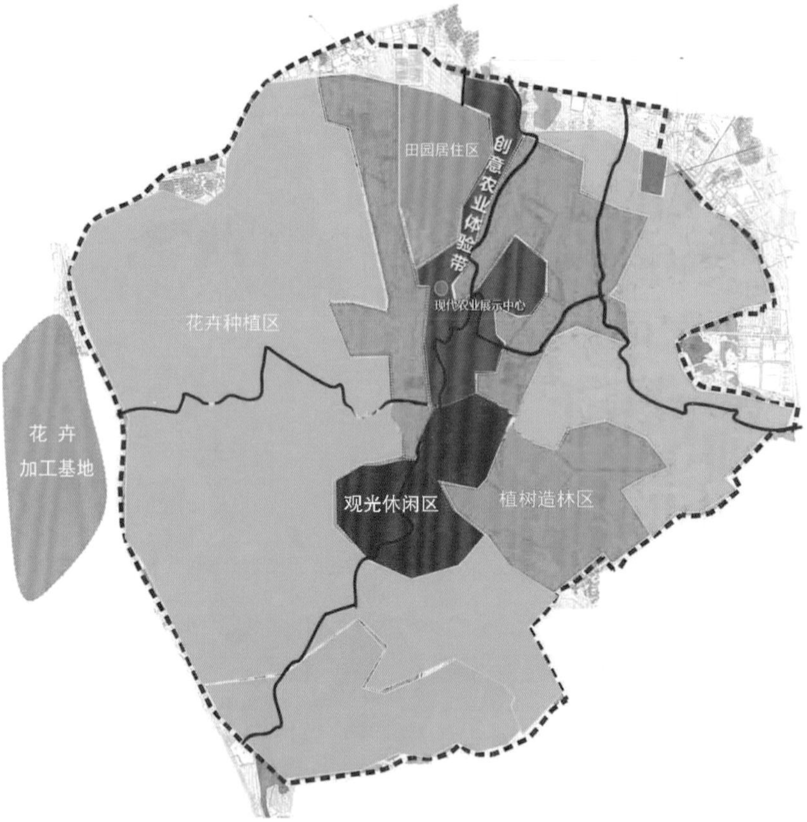
田园居住区
创意农业体验带
现代农业展示中心
花卉种植区
花卉
加工基地
观光休闲区
植树造林区

图 4.5　蚂蚁山生态田园综合体功能分区

图 4.6　蚂蚁山 1 号采坑治理前后

图 4.7　蚂蚁山 2 号采坑治理前后

图 4.8　蚂蚁山 3 号采坑治理前后

蚂蚁山历经多年矿山环境修复和生态服务正效应开发，不仅使矿山生态环境改善，形成新的秀美景观，而且已形成规模化的生态农业基础性产业，集循环农业、创意农业、农事体验于一体，实现了多产业深度融合，以矿山生态环境正效应开发利用带动了城镇建设和经济发展。

三、生态服务正效应开发利用效益

蚂蚁山生态环境的修复治理和生态服务正效应开发利用以生态环境修复为基本切入点，通过对矿山次生地质安全隐患治理、地形恢复、土地功能和植被恢复等工作，实现矿山生态基本恢复，起到防控水土流失、土壤功能保护以及水源保护，不仅改善了当地的生态环境，同时对城镇经济发展有很大的支撑作用，把农业、生态环境和旅游业结合起来，利用田园景观、农业生产活动、农村生态环境和生态农业经营模式吸引游客前来观赏、采摘品尝、农事体验、健身、康养、科学考察、环保教育、度假、购物，实现生态效益、经济效益与社会效益的统一。

蚂蚁山生态环境正效应开发面积 18000 亩，植树造林 30555 亩，种植油用牡丹 9700 亩，年生产牡丹籽油 368.6t，生态产品年销售收入 11058 万元。

第三节　霍林河一号露天矿北排土场生态服务功能开发利用

一、矿山概况

霍林河一号露天矿位于霍林郭勒市，始建于 1979 年，1984 年正式投产，2001 年经改制现隶属于国有煤矿内蒙古霍林河露天煤业股份有限公司，2010 年生产能力核准为 1000 万 t /a，属于千万吨级大型露天矿。一号露天矿北排土场西部紧邻省道 101 线呼和浩特至乌兰浩特公路，北部为光伏发电区。该排土场边坡高且陡，存在滑坡、崩塌等矿山次生地质安全隐患，对附近群众的生命财产构成威胁。废弃土石露天堆放，产生的粉尘污染当地生态环境，对附近群众的生产、生活造成影响，还严重影响霍林郭勒市打造旅游城市的形象。

二、修复治理与开发利用历程

对于一号露天煤矿北排土场存在的生态环境问题，按照"明渠暗窖，打造海绵式排土场，外排内蓄，建设生态型露天矿"的生态修复思路，首先用工程措施对排土场的边坡和平台进行加固和整形，为生态服务功能开发建立立地条件；其次，以生物措施固本，恢复植被系统，实现两种措施的优势互补，打造"自维持、免维护"的自然生态系统。

在排土场的边坡和平台加固与整形方面，将能削坡整形的区域按照"边坡角控制在30°以内、高度控制在20m以内"的要求重新进行整形，同时以控制"平台300mm、坡面500mm的覆土厚度"满足当地植物生长的立地条件。在植被恢复及土壤改良方面，从乡土物种中进行挑选，主要对速生、耐寒、耐贫瘠、抗旱、抗风沙、根系强大、要求不严的木本草本植物进行选种，打造平缓的草原生态地貌。在水土保持方面，对到界外排土场进行土壤改良及生态恢复平台设置30m或50m田字格圩埂留存消纳降水，外侧设置挡水坎，靠近坡面设置3%~5%反坡，防止雨水冲刷坡面。为将多余降水导出排土场，在平台内侧修建排水沟，达到防治水土流失、实现生态恢复的目的。此外，根据排土场实际情况，设计平台地块采用喷灌、坡面地块采用滴灌两种方式进行灌溉。在水资源高效利用的同时，最大限度地节约矿山的生态用水。

2018~2019年的两年时间，北露天矿投入资金8622万元用于海绵式排土场的生态修复工作，累计生态修复3681亩，栽植松树3316棵，栽植灌木80余万株；完成覆土约171万 m^3，砌筑生态排水沟4897m，建立供水系统管线8148m，修建蓄水池4座，总蓄水能力4000m^3，结合平台喷灌和坡面滴灌的节水灌溉方式布设喷灌1340亩，滴灌389亩。打造出了花园式矿山和景观式矿山，建设了集廊景观台、花池、木栈道、园艺景观于一体的景观式生态修复瞭望台（图4.9）。

三、生态服务正效应开发利用效益

北排土场以修筑海绵式排土场为生态服务正效应开发利用目标。经过两年时间的修复治理与开发利用，原本"裸荒"的北排土场披上了"绿装"，鸟语花香的"田野"呈现在眼前。壮观的黄白花海里蝶蜂曼舞，鸟语蝉鸣。各种植被长势喜人，草原兔、沙狐、松雀鹰等野生动物"安家落户"，生态恢复治理成果显著。在恢复北排土场区域内生态环境的同时，充分发挥了生态服务开发利用后排土场的观赏和景观价值，为霍林河露天煤矿排土场在未来发展现代生态农业的创新型园区打下基础。

图 4.9　北排土场海绵式的生态服务正效应开发利用

第四节　鄂尔多斯准格尔矿区露天排土场现代农业园

一、矿山概况

准格尔矿区位于鄂尔多斯市准格尔旗东部，煤田内的黑岱沟露天煤矿和哈尔乌素露天煤矿均隶属于国能准能集团有限责任公司，两矿总面积101.3km²。准格尔矿区位于半干旱地区，属于大陆性半干燥气候，冬季寒冷，夏季炎热，春秋两季气温变化剧烈，昼夜温差大。年平均气温为5.3~7.6℃，一般结冰期为10月下旬至翌年4月下旬。常有春旱现象，降水量较小，蒸发量较大，年平均降水量408mm，雨水多集中在7~9月，季节雨量大且频繁，占全年降水量的60%~70%。

准格尔矿区为黄土冲沟地形，地形总趋势是西北高、东南低。地表植被稀少，地面坡度较大，地表水易排泄，容易形成集中补给、集中排泄，大部分以地表径流注入黄河，有少部分渗入地下和蒸发。

准格尔矿区内第四系黄土层为轻亚黏土，垂直节理发育，在与基岩或新近系红土层接触面的沟谷处常有泉水出露，流量为 0.001~1.000L/s，受季节性影响显著。新近系红土层为亚黏土和黏土，为相对隔水层，底部常有钙质结核层，局部有泉水出露，流量为 0.001~0.050L/s。

准格尔矿区地处鄂尔多斯高原，整个煤田被广厚的黄土所掩盖，黄土厚度较大，部分为风积沙覆盖。由风化作用形成的黄土高原地形地貌复杂，沟谷纵横交错，树枝状的冲沟十分发育。煤田内植被稀少，自然植被覆盖率不足 25%，土地贫瘠，水土流失严重，生态环境十分脆弱。

二、修复治理与开发利用历程

（一）排土场负效应修复治理

黑岱沟和哈尔乌素两座露天煤矿通过排土场边坡整形、降低高度、放缓边坡，达到恢复耕地所要求的平台坡度及覆土厚度。同时，在平台四周的边缘处修筑挡水土埝，防止水流冲刷边坡，利用平台网格围埝、局部整平、分块拦蓄，以减小汇水面积，增加入渗，提高土壤含水量，有利于植被恢复。

1.排土场平台整治

平台整治主要有覆土、围埝、畦田等，结合矿山剥采工程，将腐殖土单独堆放，以备覆土整地用。当平台达到最终标高时，在排土场稳定平台或边坡上覆盖一定厚度的腐殖土，覆土厚度 0.3m。平台通过围埝、畦田，使之适宜植物栽种；并在平台四周的边缘处修筑挡水土埝，防止水流冲刷边坡。

1）排土场周边挡土围埝

排土场的形成过程是排土场平台各土层不断密实的过程，通过主体工程稳定性分析，排土场边坡是相对稳定的，但在大雨情况下，易使排土场工作边坡形成冲刷沟，引起水土流失。从水土保持角度来讲，应先拦后弃，首先在外排土场边缘设计挡土围埝，然后再排弃，以减轻排土对周边的扰动。

围埂顶宽结合机械施工取 1.5m，坡比分别为 1∶1 和 1∶1.5，排土场边坡比降 66.7%，围埂蓄水量按拦蓄坡面径流总量计算，求得围埂蓄水深为 1.0m，加安全超高 0.5m，围埂总高度 1.5m。为防止坡面泥沙淤积，围埂与边坡预留 2.0m 的蓄水空间。

2）畦田、径格分流

排土场达到设计排放标高后，将平台分割成 100m×50m 规格的畦田（防御标准为十年一遇 24h 最大暴雨量），围埂断面确定高度为 0.83m，顶宽 0.50m，坡比 1∶1。阶梯平台由于平台宽度在 25.0m 左右，将阶梯平台分隔成 200m×25m 的地块，蓄水量按拦蓄平台网格内径流量计算，围埂蓄水深为 24cm，地形偏差 0.15m，加安全超高 0.15m，最后围埂总高度确定为 0.45m，顶宽 0.50m，内外坡比均为 1∶1。为防止汇水冲刷边坡，阶梯平台平整时做成反坡，外高内低，周边挡水埂的高度与网格围埂高度一致即可，采用相同的断面。

2. 排水系统

主体工程设计中在内外排土场稳定平台的内侧或外缘以及排土场周围边界布置排水沟或防护堤，在排土场边坡设置急流槽，结构为土质结构或浆砌石结构。在排水沟的汇集处，设置消力池跌水消能和沉降泥沙。具体防护设计在整地时修成一定的反向坡，略倾向于黑岱沟主沟上游，最高平台内结合道路两边修建预制板衬砌的排水沟，垂直于道路排水沟布设横向土质支沟。将平台汇水分散到道路两侧排水沟内，阶梯平台内侧坡脚处同样设置土质排水沟。靠近网格围埂一侧每 200m 布设横向排水沟，两阶梯平台排水沟通过边坡急流槽连接，由于横向排水沟流速快，边坡坡度陡，采用预制混凝土板衬砌，并在分级平台坡脚水流入口处布设消力池进行消能，在最终出口处进行再次消能。消力池采用浆砌石砌筑。排水沟与消力池断面结构计算方法与内排土场相同。

3. 排土场的植物防护

排土场平台宽阔平坦，而且很大，为了防止风蚀，设置防护林带和种草。

主林带 20m，副林带 40m，主林带为 5 行一带式，副林带为 2 行一带式。树种选择小叶锦鸡儿，草种选择紫花苜蓿、白花草木樨、羊柴、沙打旺等。此外，在排土场的固定边坡，采用鱼鳞坑、水平沟等方式整地，同时用草袋或植物网格护坡。灌木树种选择柠条、小叶锦鸡儿；草种选择紫花苜蓿、沙打旺。

（二）排土场生态服务正效应开发利用

在排土场治理完成后，为准能集团发展以设施农业、小杂粮种植、经济林栽培、生态养殖为一体的现代生态农业提供了大面积的可利用土地资源（图 4.10）。位于黑岱沟西排土场的"1290 平台"于 2007 年 4 月排弃完成后，同步开始生态绿化，通过菌类有机生物修复等方式改良土壤，并开始现代农牧业种植实验（图 4.11）。如今，这些排土场绿树环绕，实现三季有花，黄土变农田，夏秋瓜果飘香，除了玉米、黄瓜、豆角、蜜薯、紫薯等露天种植的蔬菜，大棚内还种有火龙果、百香果等品种，形成每个平台都是一个独具特色的"绿洲平原"。2012 年起在东排土场、西排土场铺设 2500m 供水管线和滴灌设施，建设完成示范区 1717 亩，种植了土豆、玉米、大豆等农作物。

图 4.10　修复治理后的排土场

图 4.11　现代农业开发的排土场

三、生态服务正效应开发利用效益

截至 2021 年底，准能集团修复排土场土地资源总面积 5 万余亩，植被覆盖率由 25% 提高至 80%，水土流失控制率 80% 以上。如今的矿区山清水秀、景美物丰、鸟语花香，已经成为百鸟的天堂、动物的乐园，被评为"中国最美矿山"，获首批"国家级绿色矿山"，获批"准格尔国家矿山公园"。按照准能集团"一个主体、两翼一网、七个准能"发展规划，准能集团将全力建设覆盖矿区总量 18 万亩的绿色生态经济产业示范园，做活绿色高质量发展文章，打造集畜牧养殖、林果生产采摘、光伏新能源、生态碳汇、红色教育、工业科普于一体的综合园区，以光农林牧游为核心，采用"上光下农""上光下牧"创新方案，将光伏发电与农业种植、畜牧养殖相结合，将企业发展与乡村振兴相结合，打造集农牧种养、生态体验、生产加工于一体的绿色农牧示范基地（图 4.12）；落实"两山"理念，打造矿山公园，建设集科普教育、休闲观光于一体的呼包鄂科普观光体验式旅游目的地（图 4.13），逐步形成

"造绿储金、点绿成金、守绿换金、添绿增金、以绿探金"多元化绿色生态转化模式。

图 4.12　光伏发电与农业种植、畜牧养殖相结合的示范基地

图 4.13　矿山旅游观光

第五节　鄂尔多斯市准格尔旗力量煤业大饭铺煤矿生态经济

一、矿山概况

大饭铺煤矿地处鄂尔多斯准格尔旗南约 11km 处的三宝窑子村，行政区划隶属准格尔旗薛家湾镇管辖，北距准格尔旗薛家湾镇约 11km，西距鄂尔多斯市东胜区约 130km，大城公路（大饭铺至城湾煤矿）从矿区西南部通过，矿区中部有准格尔矿区铁路南坪站支线通过，交通较便利。大饭铺煤矿井田面积为 9.61km², 开采方式为井工开采，采用斜井开拓，采煤方法为长壁后退式采煤法，全部垮落法管理顶板，核定产能为 510 万 t/a。大饭铺煤矿配套建有入洗能力超 500 万 t/a 的选煤厂，并与神华准格尔能源有限责任公司合资建成一座年装车能力 1500 万 t 的肖家沙蠕铁路集运站，属于煤炭生产、深加工、铁路储运为一体的综合性企业（图 4.14）。

图 4.14　大饭铺煤矿鸟瞰图

大饭铺煤矿地处鄂尔多斯高原东部，总体地势北高南低，最低点位于矿区南部的黑岱沟，海拔 1115.7m，最高点位于矿区北部边界附近，海拔 1286.8m，最大高差为 171.1m。地表因流水冲刷切割、溯源侵蚀强烈，形成典型的高原侵蚀性地貌。矿区内沟谷纵横，在平面上呈树枝状展布，断面呈"V"字形，地形支离破碎，黄土广泛分布。

大饭铺煤矿所在地区属高原大陆性气候，冬季寒冷且时间长，夏季炎热且时间短，温差变化大，最高气温 39.5℃，最低气温 –30.9℃，年平均气温 6.2℃。全年降水量小，平均降水量 391.3mm，且多集中在 7~9 月，占全年总降水量的 60%~70%。

大饭铺煤矿西南部黑岱沟拦洪坝拦截形成面积 0.14km² 的地表水库，水深常年保持在 2.5~3.0m，以雨季期间大气降水地表径流补给为主，该水库主要为哈尔乌素煤矿排土场绿化供水。

二、修复治理与开发利用历程

从气象水文的角度分析，大饭铺煤矿地处我国西部干旱 – 半干旱地区，全年气候干燥，风沙大且降雨少，使得在矿区栽植绿植树木成活难度很大，再加之原始生态环境水土流失严重，对矿山环境生态正效应开发利用提出挑战。

多年来世界葡萄酒传统消费国的消费量基本维持原有水平，唯独中国市场异军突起，成为世界上葡萄酒消费增长最快的市场，葡萄酒销量不断攀升。从我国葡萄酒发展现状来看，葡萄原料供给并不充裕，为内蒙古发展葡萄种植业提供了机遇。2018 年末，大饭铺煤矿投资 530 余万元建设了"葡萄园"一期回填矸石工程，在矿山的 1# 排土场西侧，利用煤矸石回填了矿区南部水库的冲沟地形，填埋矸石 82 万 m³ 并形成可利用土地 150 亩，不仅为矿山增加约 10 万 m² 的生态用地，同时引入了葡萄生态种植产业，与下游产业结合，形成葡萄制酒业、葡萄旅游业等经济效益（图 4.15、图 4.16）。

图 4.15　大饭铺煤矿鱼塘

图 4.16　葡萄园一期形成的生态场地

三、生态服务正效应开发利用效益

大饭铺煤矿的葡萄园项目不仅对矿区环境进行生态恢复，更达到优于原有土地，为当地居民和矿区职工开辟出一块生态宜居的家园和休闲胜地。"葡萄园"一期回填矸石工程开发生态服务正效应总面积150亩，场区回填石量82万 m³。该工程实施中，综合利用了选煤厂排出的煤矸石，减少了煤矸石堆放场所占地，美化了环境。同时，利用储存在水库中的净化矿井水，浇灌葡萄园区，使矿井水得到了有效二次利用。在经济效益方面，由于只是初期工程，前期没有经济回报，待所有后期工程完工后，预计正常年份销售收入为 13865.40 万元，正常年销售税金及附加为 311.99 万元，正常年增值税为2076.3 万元，消费税为 1390.3 万元。

今后，在国家实施西部大开发战略的宏观背景下，通过政府的正确引导和支持，充分利用矿山得天独厚的自然条件和土地资源优势，发挥区位优势和企业自身的科技、经济优势，在鄂尔多斯市建设一个高标准、高水平的葡萄酒及葡萄酒庄园产业一体化项目，并通过提供优良种源、技术支撑等服务，带动区域葡萄种植、葡萄酒加工产业的快速发展，调整产业结构，提高煤矿企业开发利用生态服务正效应的经济效益和社会效益。

第六节　鄂尔多斯伊金霍洛旗荣桓煤矿多样化生态种植养殖

一、矿山概况

荣恒煤矿是一座露天煤炭矿山，位于鄂尔多斯市伊金霍洛旗纳林陶亥镇，矿区面积 13.91km²，属于乌兰煤炭（集团）有限责任公司，行政隶属于伊金霍洛旗纳林陶亥镇管辖。荣恒煤矿采用公路运输开拓、单斗－卡车间断式开采工艺，总体剥采比约为 8.15m³/t，生产能力为 180 万 t/a。荣恒煤矿所在地区人口稀少，居民居住分散，地方经济以农业为主，养殖业、畜牧业为辅，除煤炭开采外，几乎无其他工业，随着煤矿的大规模建设，经济基础较为薄弱的现状已经改变。

荣恒煤矿所在区域的地形为中部高、东西两侧低，总体向东南地势逐渐降低的地形特征，最高点海拔为 1416.00m，最低点位于五圪图沟谷，海拔为 1269.90m，最大标高差 146.10m。荣恒煤矿所在地区属半沙漠，干旱－半干旱高原大陆性气候，冬季寒冷漫长，夏季炎热短暂，春季少雨多风，秋季多雨凉爽，年平均气温 6.2℃，年平均降水量 350mm，多集中于 7~9 月，年平均蒸发量 2492.1mm。

矿区土地类型主要为天然牧草地，占全部土地类型的 54.95%。现状条件下，矿区土地损毁单元有露天采坑、内排土场、外排土场，储煤场、施工队生活区、办公生活区、进矿道路、原采空区，损毁土地利用类型为旱地、灌木林地、天然牧草地、其他草地、采矿用地、村庄。

二、修复治理与开发利用历程

荣恒煤矿开采形成的外排土场位于矿区北部，面积 0.2632km²，已达到设计排弃标高终止排弃。内排土场位于采坑东南侧，到达设计排弃标高的面积为 2.534km²，采用矿用卡车－装载机边缘排土方式。通过对排土场边坡角度、平台宽度、台阶高度的治理，内、外排土场边坡和坡面均达到稳定。其中，外排土场顶部标高为 1420m，分为 1377m、392m、1407m、1420m 共 4 个排弃台阶，台阶高度 13~15m；内排土场已形成 7 个排土台阶，共分为 1330m、1340m、1350m、1360m、1370m、1380m、1390m 台阶，台阶高度 10m，边坡角 33°，最小排土工作平盘宽度 45m，工作平盘设有 3%~5% 的反坡和顶宽 1.0m、底宽 1.5m、高 0.6m 的安全挡墙。

由于采用露天开采的方式，荣恒煤矿通过内、外排土场进行整形和平整后，在排土场的顶部、坡面及平台均形成大面积可利用的土地资源（图 4.17），适宜生态服务正效应开发利用。

图 4.17 荣恒煤矿排土场修复形成的可利用土地

此外，荣恒煤矿在生态服务正效应开发利用中具有矿坑水资源循环利用的优势。露天采坑矿坑水平均涌水量为 400m²/d，矿坑水通过管道引入采坑附近专用的澄清池和清水池处理，去除矿坑水中的悬浮物和胶体。同时，修建有一座规模为 8m³/h 的二级生化污水处理站，处理工业场地办公楼、浴室等生活污水和清洗车间、机修车间预处理后的废水。经过处理后的矿坑水和污废水循环使用于矿山的生态修复、生产和道路除尘以及消防用水。

三、生态服务正效应开发利用效益

依托独特的地域优势，荣恒煤矿利用排土场区域开发多样化生态种植养殖业，形成山羊、猪、鸡、鹅、牛、驴、蜜蜂等养殖产业。生态养殖的畜禽肉食、鸡蛋、蜂蜜等产品走向职工餐桌，其品质高、口感好，备受职工欢迎，特别是荣恒"阿吉曼"山羊肉和洋槐蜜远近闻名（图 4.18、图 4.19）。

图 4.18　荣恒煤矿农业生态产品

图 4.19 荣恒煤矿农业生态副产品

第七节　锡林郭勒草原国家级自然保护区的
废弃采石场

一、矿山概况

锡林郭勒草原国家级自然保护区是中国首个草地类自然保护区，于 1985 年经内蒙古自治区人民政府批准建立，1997 年晋升为国家级自然保护区。自然保护区面积为 5800km²，范围包括锡林浩特市白音宝力格、宝力根苏木、朝克乌拉苏木和白音锡勒牧场、毛登牧场、贝力克牧场、白音库伦牧场，以及阿巴嘎旗洪格尔高勒镇和西乌珠穆沁旗吉仁高勒镇的部分地区。自然保护区内，距离锡林浩特市郊 9~14km 分布了许多大小不等、形态各异的多个采石场，曾为锡林浩特市的公共设施修筑和城市建设提供原材料。

从地理位置看，自然保护区内的采石场位于内蒙古高原中北部，地貌类型属低山丘陵区，海拔为 1060~1102m，地表岩性主要为第四系上更新统冲洪积细砂、粗砂及少量砾石，植被较发育。气象水文方面，气候属中温带干旱–半干旱内陆高原季风气候，昼夜温差大，空气干燥。四季分明，春季气温回升迅速，风多风大，雨量少；夏季凉爽多雨；秋季天气凉爽，多晴朗天气，气温稳定；冬季漫长、严寒。

矿业工程活动对国家级自然保护区的生态环境有着多方面的影响，废弃采石场周边地形较为复杂，坡体高陡，自然植被覆盖率低，许多地方几近裸荒，生态环境非常脆弱（图 4.20）。矿业活动遗留大量高大、直立裸露岩面和采坑，邻近的采场连成一片，形成大规模的地形地貌景观破坏带，周边的植被已经被破坏殆尽。首先，多年采石形成的采石场掌子面、采矿平台基岩裸露，坡面陡峭且节理裂隙发育，岩体较为破碎，加之无序的渣堆、堆料及浮渣、浮石几乎挤占了矿区内全部的草场，破坏和压占了大量的土地资源，使得废弃采石场的场地条件十分糟糕，与周围的地形地貌极不协调。其次，这些采石场的掌子面、采矿平台内的浮渣及渣堆结构松散，有的颗粒直径较小的碎石土和松散颗粒遇到大风天气形成沙尘，或者在雨水冲刷、面流、沟流作用下非常容易被冲蚀，发生水土流失，甚至形成小规模的碎屑泥石流。此外，采石场剥离形成的裸露基岩面，在长期风化作用、重力卸荷作用、雨水冲刷作用等综合影响下，极易引发矿山次生地质安全隐患，对附近牧民及牲畜安全构成威胁。

图 4.20 曾位于锡林郭勒草原国家级自然保护区内的废弃采石场

二、修复治理与开发利用历程

在采矿活动的影响下，原有地形地貌景观、土地资源、地表植被已经被破坏，严重破坏了生态环境，影响了该区的视觉景观；同时，粉尘污染、水土流失问题对生态环境和当地居民生产生活产生严重影响；治理区内部分高陡边坡存在危岩体，具有崩塌地质安全隐患，对附近牧民及牲畜的生命安全构成了一定威胁。虽然部分平台渣堆已自然恢复，但采矿开采形成的掌子面大面积基岩裸露，寸草不生，没有进行过任何人为工程治理措施，单单靠自然恢复，根本不可能恢复生态环境。此外，掌子面上面的大量浮渣、浮石以及渣堆结构松散，基岩节理裂隙发育，坡面陡峭、扬尘、泥石流、地质安全隐患等问题必须通过相应的治理才能消除其产生的矿山环境负效应。对废弃采石场的修复治理分为露天采石场、废石堆、破碎山体三个方面。

对于废弃采石场的治理，主要是将露天采石场周围的废渣全部回填至坡脚处，用于垫坡，既能减少废渣的堆置方量，同时减少采石场的裸露空间，将陡峻的采石场边坡进行削坡和垫坡后，对整体地形进行平整，消除地质安全隐患；废石堆则主要进行异地堆置或就地平整，就近清运至附近坡脚进行垫坡；对破碎山体进行爆破清除或机械清除，并回填至坡脚进行垫坡。最后，对平整整形后的采石场撒播牧草，恢复植被（图 4.21）。

图 4.21　废弃采石场修复后的草原

三、生态服务正效应开发利用效益

　　锡林郭勒草原国家级自然保护区的生态功能地位非常重要。通过对保护区内废弃采石场的生态环境修复治理，因地制宜，不仅消除了地质安全隐患、改善生态环境、减少粉尘污染，同时恢复并开发了草原的生态服务功能，促进当地经济建设的协调与可持续发展，达到社会经济发展与生态环境的和谐统一。

第五章　内蒙古关闭矿山 土地与地下空间正生态环境 效应开发利用实例

矿产资源从地下采掘出来，关闭矿山形成了大面积的废弃土地与地下空间。随着人口压力、城市发展对土地和空间资源的诉求，对于这些关闭矿山的土地与地下人造空间，十分有必要打破传统的价值模式，重新激活矿山土地与地下空间的生命周期，让这些宝贵的土地与空间资源被再利用，创造出新的价值。从关闭矿山可利用土地面积和地下空间建筑的优势来看，关闭矿山的土地与地下空间资源都十分具有吸引力。尤其是地下空间资源的开发，从地下建筑空间环境和使用功能特性角度看，关闭矿山的地下空间具有温度稳定性（保温隔热）、隔离性（防风尘、隔噪声、减震等）、防护性和抗震性等诸多特性，经加固和改造后完全能胜任未来对空间的适用需求。本章结合关闭矿山土地和地下空间开发利用途径讨论内蒙古关闭矿山土地和地下空间正生态环境效应开发利用实例。

第一节　鄂尔多斯东胜生态循环种植养殖和土地与地下空间开发利用

一、矿山概况

民达煤炭有限责任公司是一家露天煤炭矿山，位于鄂尔多斯市东胜区，行政区划隶属于东胜区铜川镇管辖（图5.1）。该矿由原民达煤矿、原杨家渠煤矿及扩区整合而成，整合前两煤矿均为关停矿山。民达煤矿井田面积20.7km²，年生产原煤500万t，主产低灰低硫的动力煤，供应周边电厂和企业。

图5.1　鄂尔多斯市民达煤矿

井田地表地形总体为南高北低，西高东低，最高点海拔1460m，最低点海拔1322m，最大标高差138m。矿田内地形切割强烈，具典型的侵蚀性丘陵地貌特征。

井田气候干燥，阳光辐射强烈，日照丰富，昼夜温差较大，属半干旱高原大陆性气候。据伊金霍洛旗气象站资料：区内最高气温 36.6℃，最低气温 −29.6℃。年降水量 277.7~544.1mm，年平均降水量 350mm，且多集中于 7~9 月，年平均蒸发量 2297.4~2833.7mm。春冬两季风力较大，最大风速 24m/s，一般在 4 级以上，最大风力达 10 级，风向多为西北风。无霜期平均 139~170 天，最大冻土深度 1.5m。

二、修复治理与开发利用历程

民达煤矿地处丘陵沟壑区，原始地貌沟多坡陡，土壤贫瘠，水土流失严重。民达煤矿的原始地形条件沟壑纵横，再加上土壤覆盖厚度、天然降水等自然因素的限制，这里原始的生态条件相对脆弱。在民达煤矿修复治理内、外排土场的工作中，不仅注重矿山生态修复，还利用排土场的平台区域发展种植业、养殖业等多元性产业。

依照"因地制宜、综合利用、适地适树、全面绿化"的原则，对露天开采的回填区域分区域开展土地修复和生态修复，累计投入资金近亿元用于矿山内排土场的土地平整，网格绿化，水、田、林、路规划和建设，利用矿山内的场地开发生态循环种植养殖业（图 5.2、图 5.3）。

图 5.2　排土场土地资源

图 5.3　生态用水储存

民达煤矿建设了大量的截水沟、引水渠用于回收雨水，并建设了数十个雨水回收池和大量使用滴灌喷淋系统，保证植被的存活（图 5.4 和图 5.5 ）。

图 5.4　民达煤矿滴灌喷淋系统

图 5.5　民达煤矿雨水回收池

　　民达煤矿主动加强矿山生态环境修复治理，投资 1.5 亿元建设了中水调蓄利用工程（图 5.6），既解决了东胜区中水外排造成流域断面水质污染问题，同时满足了矿区环境综合治理用水需求，每年将 200 万 m³ 的城市中水引入矿区用于矿山生态环境治理，实现了城市中水资源在矿区生态服务正效应开发中的有效利用。

图 5.6　民达煤矿中水调蓄利用工程

　　民达煤矿排土场顶部四周筑起宽厚的土埂，兼做行车道路，同时确保回填区雨水不外流（图 5.7）。排土场中间用田埂将土地分成长宽 30m×50m 的网格，保证每个网格的雨水就地均匀入渗。排土场边坡种植了灌木和多年生牧草，底部用石头挡墙加固。水土流失总治理度接近 100%。

图 5.7　民达排土场

此外，民达煤矿利用矿区内废弃的石英岩矿洞，建成 3500m² 的果蔬储存仓库（图 5.8）。废弃矿洞内建设有 3000m² 的冷藏库和 300m² 的冷冻库，用于瓜果蔬菜、肉类食品存储，保证员工享受到原生态绿色无公害食品。

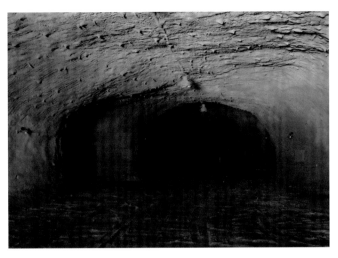

图 5.8　民达煤矿地下仓储硐室

三、土地与地下空间开发利用效益

截至 2020 年，民达煤矿回填土地修复区总计绿化面积已达 12600 亩，其中，种植沙棘 6600 亩，高产苜蓿 3000 亩，已耕种耕地 3000 亩。种植油松 45000 多棵、新疆杨 7000 多棵，开采回填区域植被绿化率达到 95% 以上。

民达煤矿充分利用回填土地修复区，建设大型牛棚、猪舍、鸡舍、羊圈、鱼塘，饲养猪 1 万头，鸡 3000 只，牛、羊、驴等 4000 头，各种鱼类 20 万尾，闲置土地得到二次利用和实现生态闭环循环（图 5.9）。

图 5.9　民达煤矿农牧养殖

第二节　巴彦淖尔市磴口三盛公水利枢纽—临河段黄河北岸历史遗留矿山耕地开发利用

一、矿山概况

磴口三盛公水利枢纽—临河段黄河北岸历史遗留矿山地处巴彦淖尔市磴口县巴彦高勒镇东南，行政隶属巴彦淖尔市磴口县管辖，位于黄河西岸边，三盛公水利枢纽以南，西至耕地改良区边界道路，东至黄河大堤坝（图5.10）。磴口三盛公的矿山类型主要为废弃砖厂及黏土矿，其采矿活动始于20世纪70年代末至80年代后期，历经20多年的开采生产，矿区内的黏土资源枯竭，矿区内的采坑"多、小、散、乱"，造成土地资源破坏、生态退化、水土流失等矿山环境负效应，严重影响到黄河流域及巴彦淖尔市生态环境的可持续发展。

图 5.10　磴口三盛公水利枢纽—临河段黄河北岸历史遗留矿山

磴口三盛公废弃工矿区所属区域地势平坦，土地肥沃，渠道纵横，灌溉便利；南面是奔腾咆哮的黄河，呈现东南高、西北低，东南逐步向西北倾斜，从东南总干渠引水闸到西北乌兰布和沙区，坡降 23m，境内海拔最高 2046m，最低 1030m。

磴口县属中温带大陆性季风气候，其特征是冬季寒冷漫长，春秋短暂，夏季炎热，降雨量少，日照充足，热量丰富，昼夜温差大，积温高，无霜期短。气温以 7 月最高，为 24.9℃，1 月气温最低为 –9.1℃，多年平均降水量 150.77mm，平均蒸发量为 2538.4mm，年降水量为 84.7~240.1mm，年蒸发量为 2190.5~2862.8mm，平均气温 7.5~10.5℃，平均相对湿度 40%~53.6%。因磴口县降雨量少，不能形成地表径流。全年降雨量，只相当于农作物的一次灌水量。黄河自南向北从东部流过，全长 52km，河床比降约 1/8000，流速平稳，是磴口县农业生产最有价值的水利资源。

磴口三盛公水利枢纽—临河段黄河北岸历史遗留矿山面积为 32.42hm^2，包括工业广场、废弃砖窑和房屋，工业广场压占土地面积 7.76hm^2；采坑 6 处，采坑挖损土地面积 11.06hm^2；废弃地 2 处，压占土地面积 12.83hm^2。区内地表土岩性主要为黏性土、粉质黏土，受矿山开采影响，其砖窑周边及工业广场局部位置土体结构遭到破坏，出现板结或火烧土现象，地表局部掺杂红砖碎屑等建筑垃圾，影响植被生长。

二、修复治理与开发利用历程

磴口三盛公水利枢纽—临河段黄河北岸历史遗留矿山位于黄河冲积平原区，周边地形相对平缓，区域被第四系松散地层所覆盖，上部主要为黄色、橘黄色砂土；下部为土黄色粉细砂、中细砂，具有上细下粗双层构造，因此适合将矿区修复为耕地。据现有地质地形条件，最大限度地将这些历史遗留废弃黏土矿山恢复并开发利用为水浇地，不能恢复为水浇地的采坑保留坑塘水面，与区域河漫滩湿地环境相协调一致。但是，由于磴口三盛公废弃工矿治理区周边采坑无充足的物源，故不进行回填，对坑塘岸坡修整，修整完成后补植水生植物、陆生植物。对于部分采坑中形成的孤岛，孤岛面积 1.03hm²，清运后将孤岛采坑连成一片，恢复成坑塘水面，修整后的坑塘水面面积 10.21hm²；对建筑物拆除、清运、场地平整，对采坑进行回填，回填面积 2.39hm²。工业广场、采坑回填区通过覆种植土、场地整平、布设农田水利工程、加施农家肥、土地翻耕恢复成水浇地。局部废弃地通过补植灌木，恢复为生态绿地，其他废弃地则通过布设农田水利工程、加施农家肥、土地翻耕恢复成水浇地。

（一）建筑物拆除、建筑垃圾清运

拆除磴口三盛公废弃工矿治理区内 1 座废弃浆砌砖结构的砖窑，压占土地面积 992m²。废弃砖窑外部共计分布 26 个窑洞，废弃砖窑拆除方量 2339m³，将拆除的建筑垃圾清运至就近的采坑内，平均运距 90~100m，回填建筑垃圾标高不得超过 1010.30m。工业广场内废弃房屋 2 座，压占土地面积 97.35m²，废弃砖房为砖混结构，将该废弃砖房拆除，拆除方量 24m³。将拆除的建筑垃圾就近清运至工业广场西南角的采坑内，运距 100m。治理区建筑物拆除量共计 2407m³，其中废弃砖窑拆除量 2339m³，废弃房屋 68m³。

（二）土方清运与回填

1. 孤岛清运与采坑回填

磴口三盛公废弃工矿治理区在采坑中间形成孤岛，为了恢复成规整的坑塘水面，对孤岛进行了修整、清除，对采坑之间进行了疏浚修整。孤岛开挖土方量为 25795m³，就近回填至采坑，运距 230m。经测量采坑间孤岛面积 10318m²，水面标高 1009.99m，孤岛最高点标高 1012.44m，水面以下开挖深度 1.65m，开挖方量为 17024m³，坑底标高为 1008.34m。

2. 工业广场整平、清运

矿山在生产过程中，场区表面遗留大量的废弃砖渣，同时在废弃砖窑及废弃房屋拆除清运过程中，场地表面留有建筑垃圾，以及由于磴口三盛公废弃工矿治理区属干旱—半干旱区，气候干燥，蒸发量大，地下水位较浅，地下水中的盐分随着蒸发而不断向地表迁移聚集，因此废弃工矿区内的盐渍化较严重，影响植被生长，生态修复过程中需对表层土体进行清理，清理厚度按照下述整平标高进行。

因该区域地下水位较浅以及周边农田轮灌，为使恢复后的场地不积水，可满足耕种条件，治理区北侧耕地平均高程 1011.4m，治理区南侧耕地平均高程 1011.4m，治理区东侧耕地平均高程 1011.5m，治理区西侧为坑塘水面，工业广场最低点标高 1011.32m，最高点标高 1011.73m。根据周围耕地高程，以及新建农渠开口处原有农渠水位标高 1012.25m，按照覆土后场地内高程与周边高程变化不大的原则，以及满足灌溉需求，最终确定工业广场设计整平标高 1010.8m，覆土后标高 1011.3m，整平面积为 80130m²，按 10m×10m 的方格网法进行土方平衡计算，总清运 33415m³，总回填 83114m³。

因回填采坑深度均超 2m，为使回填后的场地沉降后满足设计标高，以及满足水浇地耕种条件，需对采坑回填区域进行分层压实，压实系数 0.85，总清运 33415m³，总回填 83114m³。为达到土方平衡，需孤岛调配 25795m³，废弃建筑物拆除后的建筑垃圾调配 2407m³，还需场外调配土方 21497m³。

3. 地表覆土与整平

待工业广场所在区域砌体拆除、清运、场地整平以及采坑回填达到设计标高 1010.8m 后，对工业广场及回填区域进行覆土，因该治理区周边土源较少，耕地土地厚度不应小于 50cm，故设计覆土厚度 0.5m，最终覆土后标高 1011.3m，工业广场及回填区域覆土面积为 80130m²，则覆土量为 40065m³，所需土方均需外运。

因治理区恢复为水浇地，对磴口三盛公废弃工矿治理区工业广场及回填区覆土后，采用推土机对土地进行平整，平整量为覆土量的 1/3，覆土量为 40065m³，则土方平整量为 13355m³（图 5.11）。

（三）坑塘岸坡修整

对部分采坑未回填区域的边坡进行修整，采用上削下填的方式放缓边坡，上部没有削坡空间的区域采用下部回填，使坡度不大于 25°。根据现场测量，采坑未回填区域的边坡坡度 30°~60°，平均每延米土方量 1.76m³，修整岸坡长度 1385m，修整岸坡坡面宽度 3.5m，磴口三盛公废弃工矿治理区边坡修整方量 2437m^3，修整面积 4848m^2。

图 5.11　磴口三盛公废弃工矿区修复治理与开发利用后的耕地

（四）灌溉与排水工程

磴口三盛公废弃工矿治理区内新建农渠 1 条，长 367m；新建毛渠 5 条，长 1165m；新建农、毛渠上各类建筑物 9 座，其中新建农渠进水闸 1 座，新建农渠涵管桥 1 座，新建毛渠进水闸 5 座，新建毛渠涵管桥 2 座；新建生产路 4 条，长 0.973km。

（五）道路工程

为方便农民田间作业和运输农作物，尽量使每个田块周围都有道路经过。整个道路系统与周边的村庄、主要公路相接，以满足现代化农业生产的要求。田间道路设计主要是规划机耕路和生产路两级。其中机耕路主要为农产品和货物运输以及机械加油、加水、加种等生产操作过程服务，规划为素土路面。项目区生产路路面为素土夯实路面，路面宽度为 2.5m，路基宽 3.1m，高出地面 0.3m，边坡 1∶1。

（六）植物工程

1. 补植灌木

由于部分区域因盐碱严重，局部区域裸露，无植被覆盖，补植耐盐碱的灌木植物，补植方式为穴植，可采用圆形或方形坑穴，穴径和穴深均在 30cm 以上。栽植前，应认真挖好栽植穴，表土和心土分别放置。灌木植被选择红柳对场地内裸露区域进行补植 200 株，补植株行距 3m×3m，恢复灌木林地面积 32622m²。

2. 撒播草籽

废弃工矿区周边岸坡修整后恢复植被，进行固土护坡，草种选择适宜采坑生长的水生植物水芦苇、水烛、马蔺、拂子茅等混合撒播，草籽单位用量为 60kg/hm²。采坑修整岸坡长度 1385m，岸坡坡面宽度 3.5m，撒播草籽面积 4848m²。

三、土地与地下空间开发利用效益

巴彦淖尔市是我国重要的商品粮生产基地和优势玉米主产区，尤其是优质粮食和油料生产基地。磴口三盛公水利枢纽—临河段黄河北岸历史遗留矿山土地与地下空间开发利用项目，通过农田水利工程建设，完善田间基础设施，提高农田质量和抵御自然灾害的能力，将曾经的废弃矿山建设成稳产、高产的高标准基本农田，提高了粮食综合生产能力（图 5.12）。

图 5.12 磴口三盛公水利枢纽—临河段黄河北岸修复后的耕地

磴口三盛公废弃工矿区修复措施实施后，该废弃矿山在建设和生产过程中对土地的损坏和对生态环境的破坏得到治理和恢复，综合治理面积 31.52hm²，其中恢复水浇地面积 17.57hm²，恢复人工水域面积 10.21hm²，岸坡修整恢复为其他草地面积 0.48hm²，恢复为灌木林地面积 3.26hm²。磴口三盛公水利枢纽—临河段黄河北岸历史遗留矿山所在南梁台村三社、四社，新增耕地 263.55 亩，人均增加耕地 0.49 亩。

通过磴口三盛公水利枢纽—临河段黄河北岸历史遗留矿山田间改造，发展节水灌溉，改良土壤盐碱化，提高土壤质量，既能逐步改善生态环境，同时采取农业措施、林业措施等综合配套措施，调整优化农作物种植业结构，扩大粮食播种面积，提高粮食生产能力，保证农业增效、农民增收，促进农村经济发展。

第三节　赤峰市翁牛特旗废弃黏土矿群
土地资源恢复与开发

一、矿山概况

翁牛特旗废弃黏土矿群位于赤峰市北部翁牛特旗桥头镇和梧桐花镇内省道205两侧的村庄周边和农田中，地处燕山山系七老图山脉余脉北段与辽西丘陵交会地带，地貌类型为低山丘陵，地形整体倾向东北部，海拔为600~700m，相对高差50~70m。沟谷发育，谷底与谷坡均由第四系松散堆积物所覆盖。

翁牛特旗黏土矿群的矿业开发活动始于20世纪80年代初，90年代中后期发展成为翁牛特旗当地砖瓦厂生产建筑材料主要的原材料产区。随着2000年以后土制砖瓦技术逐渐被建材市场淘汰，砖瓦厂纷纷关闭，黏土矿群也随之关闭。这些废弃的黏土矿群遗留大量的黏土矿采坑、废弃砖窑及烟囱等配套建筑设施。黏土矿采坑的陡倾坑壁极易发生小型崩塌和次生滑坡等地质安全隐患，加之多数黏土矿采坑地处低洼地势，很容易成为雨季地表径流的汇集区，对周边村民生命安全及房屋建筑、道路等构成威胁。废弃的砖窑、烟囱以及废渣堆无序堆放，不仅影响周围的地貌景观，同时占用、浪费了大量的土地资源，影响周边的环境以及当地居民的生活。

二、修复治理与开发利用历程

梧桐花镇和桥头镇省道205两侧的黏土矿群、砖窑和烟囱林立，黏土矿采坑分布在村庄和农田中，虽目前已无开采活动，但经过数十年的开采，采坑范围已不断扩大，矿山环境负效应突显。从消除废弃黏土矿群对环境的负效应角度，一是要解决黏土矿采坑、砖窑等占用和破坏土地资源的问题，二是消除黏土矿采坑的矿山次生地质安全隐患的影响。

针对废弃黏土矿群采坑边坡高陡且发生崩塌、滑坡等地质安全隐患的问题（图 5.13、图 5.14），采取清理坑内固废、抽排采坑积水、削坡减载的措施，降低采坑边坡坡度，清除采坑内遗留的孤岛区域（图 5.13），对采坑内低洼区域进行充填，平整坑内地形，形成可利用的土地资源。

图 5.13 采坑内孤岛

图 5.14 北部陡立边坡

　　针对翁牛特旗废弃砖窑、烟囱及废弃砖瓦堆无序堆放，占用、破坏有效
耕地资源的问题（图 5.15、图 5.16），采用大型机械推土机械拆除废弃建筑

图 5.15　废弃黏土矿群

图 5.16　坑内垃圾与积水

物，将固废、建筑拆除后的废渣异地堆存并进行无害化处理。对清理后的区域进行土地平整并重覆表土，恢复治理区的土地功能，修复成为耕地。

三、土地与地下空间开发利用效益

虽然翁牛特旗废弃黏土矿群的大面积出现见证了黏土矿产资源为国家和地方经济建设所作出的巨大贡献。但是对于当地的矿山环境，特别是矿山生态环境产生了极大影响。翁牛特旗废弃黏土矿群土地资源恢复与开发利用工作，改变了治理区较差的生产与生活环境，使治理区的人居环境有明显改善，治理区生态环境明显好转，不仅消除了翁牛特旗废弃黏土矿群对环境的负效应，同时增加了可利用的耕地资源（图5.17）。

图 5.17 翁牛特旗废弃黏土矿群土地资源恢复与开发利用

第四节　呼和浩特市砂坑里的高等职业学院

一、矿山概况

呼包高速公路（罗家营—毫沁营段）两侧分布有大量的废弃砂坑，集中分布在呼和浩特市赛罕区罗家营—新城区毫沁营约 10km 路段的高速公路两侧 1.5km 范围内（图 5.18）。这些砂坑的形成最早源于修建 110 国道、城市建设时挖砂取土，为当地道路工程施工和城镇建设作出了很大的贡献。此后 110 国道改扩建和呼包高速公路修建施工对砂石材料骨料需求增加，加剧采砂活动对环境的影响。这些密集分布的砂坑原本的土地利用类型是建设用地、耕地及林业用地。采砂活动产生诸多矿山环境问题，其中最为显著的问题有占用破坏土地资源、地下水污染以及次生地质安全隐患。

图 5.18　呼包高速公路（罗家营—毫沁营段）0–3 号砂坑位置示意图

从砂坑所处的地理位置来看，砂坑位于呼和浩特市城乡接合部和大学城，随着城市的扩张和建设，土地资源日益紧缺。紧邻呼和浩特职业学院的 0-3 号砂坑占地 $7.32 \times 10^4 m^2$，不仅造成土地资源的合理开发严重受限，同时与校园环境极不协调。

从砂坑对环境的影响角度，砂坑成为周边单位和居民丢弃垃圾及排泄废水的地区，日积月累就变成了垃圾丢弃地（图 5.19），该区地处呼和浩特市地下水资源补给区，雨季大气降水向砂坑集中，坑中生活垃圾及废水中的有害元素在降水淋滤作用下进入地下水循环系统，污染地下水，给城市供水安全造成直接威胁。

图 5.19　坑内丢弃的生活垃圾及排放的废水

此外，砂坑本身坡陡坑深，坑壁地层又是松散土，雨季受雨水冲刷后坑壁极易坍塌，出现次生地质安全隐患（图 5.20）。同时，砂坑紧邻高速公路和110国道，坑壁坍塌会掏蚀路基，从而影响公共交通安全。

图 5.20　砂坑直立的边坡

二、修复治理与开发利用历程

呼包高速公路（罗家营—毫沁营段）0-3 号砂坑占地面积为 $7.32 \times 10^4 m^2$，形状为长方形，东西长 362m，南北宽 224m，砂坑平均深度为 9m。根据周围环境条件及砂坑的环境问题，为了让砂坑自然融合于大学城的校园景观环境，结合呼和浩特职业学院园林景观总体规划，充分利用砂坑现状因地因势造园，使砂坑变成一座中心花园，与大学城完美融合在一起，形成一道新的校园风景区。0-3 号砂坑治理和开发利用的内容为砂坑坑底整形、人工湖防渗、植树绿化（图 5.21）。

首先对砂坑湖区进行砂坑形态修复，整平砂坑的坑底地形，整平后根据园林景观规划设计，利用外运土将砂坑四周边坡堆积成缓坡，中部部分地段堆积成缓坡的"孤岛"。湖区坑底整平基准面高程为 1109m，可获得净土方量 1.13 万 m^3，这部分土方作为砂坑四周边坡填方之需。回填堆积时按坑底整平标高 1109m 向上堆积，堆积至标高 1112m 时再逐一按 1m 间隔以 30° 缓坡向上分层堆积，砂坑四周最终堆积至标高 1120m，中部地段最终堆积标高为 1116~1120m，共需土方 8.6 万 m³。

图 5.21 0-3 号砂坑修复前、后的呼和浩特职业学院

其次，为了防止湖水下渗，在人工湖修建部位做防渗工程。防渗工程施工工序依次为素土夯实、铺设重磅土工布、放置 300mm 红黏土、撒置 150mm 厚的鹅卵石。人工湖修建面积为 1.34 万 m²，在防渗工程施工时，先按整平标高 1109m 进行碾压夯实，然后在夯实后的湖底铺设 180g 以上土工布，铺设时需向上延伸铺设到毛石驳岸的 1/2 处，防止湖水侧漏，土工布铺设面积为 1.608 万 m²。在土工布的表面均匀铺设 300mm 厚的隔水红黏土，黏土量为

0.402万 m³。黏土上部再进行一次夯实，夯实后上部均匀撒置鹅卵石，鹅卵石厚度为150mm，共需0.201万 m³。

地形修复和防渗工程结束后，对砂坑进行生态修复。在砂坑整形后的坡面及周边种植景观树种。树坑开挖规格为直径1m、深1m的圆坑，采用换土种植。种植的树种为油松、国槐、云杉、山桃、山杏、桃叶卫矛、李子树、丁香、榆叶梅、珍珠海、连翘、鸢尾、石竹、沙地柏、玫瑰、侧柏篱、红叶小檗和金叶莸等。树苗栽种后，派专人看护苗木适时浇水，养护1年后苗木成活率达到90%以上。

三、土地与地下空间开发利用效益

呼包高速公路（罗家营—毫沁营段）0-3号砂坑的修复治理与开发利用工作，不仅结合其矿山环境问题，还配合了呼和浩特职业学院园林景观总体规划设计要求。从消除次生地质隐患、改善生态环境的角度，通过坑内湖区整平、四周及中部固体废弃物回填、人工湖底修筑防渗、坑内植树绿化等工程的实施，既有效修复了砂坑引发的矿山环境负效应，同时将砂坑的地下空间有效利用，形成具有景观、生态、观赏价值的地下空间场地。

第五节　巴彦淖尔市乌拉特前旗刁人沟废弃砂石坑开发利用

一、矿山概况

刁人沟废弃砂石坑位于巴彦淖尔市乌拉特前旗乌拉山西端、乌梁素海南侧，刁人沟出山口距离西侧的乌拉特前旗西山咀镇约5km，紧邻乌拉山自然保护区，行政区划隶属于乌拉特前旗西山咀镇管辖（图5.22）。刁人沟废弃砂石坑内共分布有 3 个采砂坑，未设立采矿权，砂坑的出现最早源于修建 110 国道、城市建设挖砂，曾为当地社会经济和公路交通建设作出了很大贡献。110 国道扩建和 G6 高速公路的修建进一步加剧了这一地区的采砂活动。

刁人沟废弃砂石坑的存在，不仅破坏了原有地貌形态景观，对当地居民生产、生活构成严重威胁，而且与乌拉特前旗的经济建设及其城市生态建设要求极不协调。此外，采砂坑所处区域是乌拉山镇的供电走廊和刁人沟排洪沟经过区域，废弃砂石坑的存在可能对公共电力设施和排洪沟的安全造成威胁。

图 5.22　开发利用前的刁人沟废弃砂石坑

二、修复治理与开发利用历程

由于刁人沟废弃砂石坑特殊的地理条件、区位地点，这些砂石坑对流域生态环境和城镇的影响十分显著，引起了政府对乌梁素海流域山水林田湖草生态保护修复工程的重视，从沙漠化综合治理、地质环境综合治理、水土保持与植被修复、河湖连通与生物多样性保护、农田面源及城镇点源污染综合治理等多个视角对其开展综合修复治理，消除矿业开发遗留的矿山环境问题，消除废弃砂石坑的地质安全隐患，恢复和重塑治理区的地形地貌景观，改善附近居民的生产和生活环境。

刁人沟废弃砂石坑负效应修复治理和正效应开发利用的内容主要有地形地貌恢复、供电设施保护、管护管道铺设以及道路建设等。清理治理区内砂石坑周边遗留的废弃建筑物及废渣堆，并进行整平整形，恢复治理区内的地形地貌景观和土地资源；由于砂石坑周围供电线路、房屋等因素的制约，刁人沟废弃砂石坑内的边坡工程措施以土工格栅加筋边坡工程为主，以坑底挖方回填西北角小坑、坑底整形工程为辅；考虑到后期治理区内植被管护等问题，在治理区内修建管护管道；刁人沟废弃砂石坑内留有 2 处孤岛，孤岛边坡陡立且顶部存有高压电塔，为防止孤岛边坡发生滑坡，在孤岛边坡进行土工格栅加筋；对治理区内整平后的场地进行道路及铺装工程（图 5.23）。

图 5.23　修复治理后的刁人沟废弃砂石坑

三、土地与地下空间开发利用效益

从地理位置上看，刁人沟废弃砂石坑处在乌拉特前旗到呼和浩特市、包头市的必经路段，对其实施矿山环境负效应修复治理，不仅能消除生态、地质安全、地貌景观等方面的诸多环境负效应，同时利用其便捷的地理位置，建设成为具备生态景观、体育竞技于一体的场地，有利于城镇经济的发展。

第六节　阿拉善盟阿拉善左旗乌斯太镇巴音敖包工业园

一、矿山概况

内蒙古阿拉善经济开发区地处中国西部"呼－包－银－兰"经济带和鄂尔多斯－乌海－阿拉善"小金三角"的交会点，位于阿拉善左旗乌斯太镇境内，东临黄河，西倚贺兰山，南接宁夏石嘴山市，北连乌海市。2002 年 1 月

9 日，被内蒙古自治区人民政府正式批准为自治区级开发区，是内蒙古自治区 20 个省级重点开发区之一。2004 年 8 月经内蒙古自治区人民政府批准，更名为乌斯太经济技术开发区。2006 年 4 月正式通过国家审核更名为阿拉善经济开发区（图 5.24）。

图 5.24　乌斯太镇巴音敖包工业园区

乌斯太镇巴音敖包矿区位于阿拉善经济开发区乌兰布和工业园区北约 12km 处的巴音敖包工业园区内，与乌海市乌达区相邻，行政区划隶属于阿拉善左旗乌斯太镇管辖。由于矿区地处人烟稀少的荒漠地带，矿区开发时交通不便，管理难度较大，小规模的开采形成 2 个露天采坑和 2 个废渣堆，地表感观十分凌乱，环境恶劣、水土流失严重。盗采形成的露天采坑大小不等、深度不一，既没有围护措施，且在采坑边帮有多处塌陷和崩塌现象，存在矿山次生地质灾害安全隐患。

巴音敖包矿区属典型大陆性干旱气候，特征为夏季炎热干燥少雨，冬季寒冷多风沙。最高气温 41.4° C，最低温度 –35.5° C，年平均温度 8.8℃；年平均降水量 140mm；年平均日照在 3100~3300h，无霜期为 135 天。冬季以西北风为主风向，夏季以东南风居多。冻土期约 6 个月，从每年 10 月到翌年 4 月，最大冻土深度 1.63m。

矿区西南部约 1km 处有季节性泉眼群 1 处，流量约 10m³/h。在丰水期，沟谷中可形成暂时性水流，随地势由西向东流入采坑中。

矿区内乡土植被类型有沙冬青、白刺、沙蒿、绵刺、骆驼蓬等耐旱沙生植物，植被覆盖率在 10%~30%。巴音敖包矿区土壤类型有灰漠土、棕钙土和风沙土，厚度在 10~30cm，土壤有机质含量在 1% 以下，生态修复难度较大。

二、修复治理与开发利用历程

阿拉善经济开发区巴音敖包矿区矿山环境治理的总体目标是：在现状治理的程度上对存在的崩塌、滑坡等矿山次生地质安全隐患进行治理，避免或减少人民损失以及地形地貌景观和含水层的破坏、污染，保持原有的地形地貌和植被景观，合理利用土地资源，对破坏的土地资源达到 100% 的治理率，为景观公园建设提供场地条件。

巴音敖包矿区西部的露天采坑，呈不规则形状，面积约 60533m²，深度 2~6m，平均深 4m，边坡角 45° ~60°，露天开采破坏了山体的自然结构及原生地形地貌景观，对地形地貌景观影响较严重；采坑的存在同时对土地资源造成一定的破坏。位于治理区东部的采坑，呈不规则形状，面积约 21040m²，深度 3~7m，平均深 4m，边坡角 45° ~60°，露天开采破坏了原生地形地貌景观，对地形地貌景观影响较严重；采坑的存在同时对土地资源造成一定的破坏。

经过多年矿山环境修复治理工程，对废弃露天采坑及废渣堆产生的矿山环境问题进行恢复治理（图 5.25、图 5.26），最大限度地消除矿山地质安全隐患；恢复矿区地形地貌景观，减少土地资源的破坏和占用，增加建设用地面积，实现矿业开发与矿山地质环境保护的协调发展。

图 5.25　废渣堆治理前后对比图

图 5.26 废弃露天采坑治理前后对比图

三、土地与地下空间开发利用效益

经过多年的努力，阿拉善经济开发区已形成以盐化工、煤化工为主导，以石油天然气、特色钢铁、有机原料、合成材料、塑料加工及助剂为支柱的产业，初步形成完善的生态工业体系，建成具有区域示范作用的生态工业园区。

第六章 内蒙古关闭矿山清洁能源正效应开发利用实例

内蒙古是我国电力输出大省之一，但绝大多数是火电，可再生能源的占比仍然较低，这不但加速了内蒙古煤炭资源的消耗，同时使内蒙古提早面临能源消耗所带来的挑战。

内蒙古风能资源丰富，开发潜力巨大。全区风能资源总储量为 13.8 亿 kW，蒙东风能资源开发潜力为 6.3 亿 kW，占全国 19%，主要分布在赤峰、通辽和兴安盟。扣除生态红线，并初步考虑基本农田、森林草原、河流湖泊等因素，蒙东风电开发潜力约 1.0 亿 kW，且风向稳定、连续性强、无破坏性台风和飓风，风能利用率高。内蒙古风能资源一般区（年平均风功率密度 50~100W/m^2）面积为 50.29 万 km^2，占全自治区总面积的 42.5%，年平均有效风速时数 4000~5000h，主要分布在阿拉善盟中南部、鄂尔多斯市中部、通辽市绝大部分地区以及呼伦贝尔市西部和南部地区。赤峰市中部、兴安盟北部、呼和浩特市武川县、乌兰察布市东部等地区有零星分布。

内蒙古西部地区具有丰富的太阳能资源，全年日照小时数在 2000h 以上，属于我国光照资源丰富区。内蒙古的太阳能资源自北向南、自东向西增加，仅次于西藏，居全国第二位，东北部年总辐射较低，为 5000MJ/m^2 左右，西南部年总辐射最大，为 7000MJ/m^2 左右。利用太阳能发电使广大的沙漠、戈壁滩变废为宝，可以创造较好的经济效益和社会效益。

第一节　乌海市万源露天煤矿排土场光伏发电场

一、矿山概况

万源露天煤业有限责任公司煤矿位于乌海市海南区南 17km，行政区划属海南区公乌素镇。万源露天煤矿为生产矿山，由一号采区和二号采区两个采区组成，矿区面积 5.5346km²。万源露天煤矿采用单斗－汽车工艺，采场内的土、岩采用自卸汽车由各水平工作线经移动坑线，通过矿山道路运往外排土场，内排条件形成后，各水平土、岩经各自运输平台及端帮运输平台运至内排土场相应水平排弃。

矿区有三处排土场，总面积 226.8 万 m²。其中，1# 排土场位于二号采区的东北部，面积 14.8 万 m²，形成 2 个台阶，台阶高度 20m，台阶边坡角为 20°~30°，高于周围地表标高 30~40m，堆放量 352.8 万 m³；2# 排土场位于 1# 排土场南部，面积 20.2 万 m²，形成 3 个台阶，台阶高度 20m，台阶边坡角为 20°~35°，高于周围地表标高 40~50m，堆放量 543.5 万 m³；3# 排土场位于一号采区的中部，面积 19.2 万 m²，形成多个平台，台阶高度 10~20m，台阶边坡角为 25°，高于周围地表标高 40~100m，堆放量 2822.4 万 m³。

二、修复治理与开发利用历程

（一）负效应修复治理

为了便于治理后的万源露天煤矿 3# 排土场用于建设 50MW 光伏发电基地项目。开发利用前首先解决由矿山开采带来的矿山环境负效应，消除地质安全隐患。

1. 排土场整形

采用挖掘机作业将现状杂乱的 3# 排土场台阶统一整形到台阶高度 20m，

边坡角度 25°，台阶宽度 6m，每隔两个台阶设置一个运输平台，宽度 8~10m。每个台阶外沿需设置挡水坝和反水坡。

2. 干砌石护坡

对整形后的 3# 排土场边坡利用干砌石护坡，保护最下面的一个台阶。护坡采用尺寸 10~30cm 的块石，砌筑厚度 0.3m。干砌石护坡后形成整齐的排土场边坡，不存在突出的块石。

3. 浆砌石修筑排水沟

开采结束后，排土场的每个台阶都设置反斜坡，在排土场边坡表面每隔 200m 设置 1 条纵向的排水沟，使雨水能及时地排放到地面。排水沟横截面为梯形，下底宽 0.5m，排水沟边坡角度为 50°，高 0.5m，浆砌厚度为 0.3m。

4. 覆土与植被修复

对整形后的 1# 排土场和 2# 排土场的边坡和顶部平台进行覆土，干砌石护坡后的边坡不进行覆土。对平整后的表土堆放场压占区域进行播撒草籽，修复排土场表面的植被。

（二）清洁能源开发利用

利用 3# 排土场建设的公乌素镇万源露天煤矿排土场五凌光伏发电场，是国内首个全部建设于煤矿排土场上的光伏电站项目，占地总面积 1580 亩（图 6.1）。场区海拔 1300m，土壤呈酸性且较干燥，不易生长植物。设计总装机规模 50MWp，实际装机 48.29MWp，由 11kV 升压站、光伏发电场、场内外交通工程等组成。采用"压块式基础 + 桁架式跟踪支架 + 双面双玻组件"的组合技术，双面双玻单晶高效组件片 355W、360W、365W，共计约 134504 块，安装倾角 20°，逆变器共计 979 台，分 30 个发电单元，3 回 35kV 电缆集电线路，经 1 台变压器升压至 110kV，再经 1 回 110kV 线路送至桃园变电站并入蒙西电网。

图 6.1　万源露天煤矿排土场五凌光伏发电场

三、清洁能源正效应开发利用效益

五凌光伏发电场光伏电站首年设计利用小时数为 1968h，多年平均利用小时数为 1811h，年均发电量约 8777 万 kW·h，工程动态投资 3.51 亿元。五凌光伏发电场已于 2018 年 4 月 10 日正式开工建设，2018 年 6 月 30 日并网，8 月 30 日全容量并网。截至 2021 年 2 月 20 日，电站连续安全运行 967 天，年累计完成发电量 800.67 万 kW·h，完成年计划的 9.65%，年弃光率为 0%。投产至 2021 年上半年，累计完成发电量 2.06 亿 kW·h。

排土场建设光伏电站在我国已不在少数，而处于煤矿区受风力影响较大的光伏发电场，尤其是周边分布着煤矿回填和边坡治理等工程，光伏发电站的环境是十分恶劣的，光伏组件表面积灰速度快，甚至严重影响到组件发电效率。

第二节　鄂尔多斯布尔台煤矿生态 "光伏 +" 开发利用

一、矿山概况

布尔台煤矿位于鄂尔多斯市伊金霍洛旗东南部，行政区划属于伊金霍洛旗布尔台格乡，开采方式为地下开采，生产规模 2000 万 t/a。井田位于鄂尔多斯高原东北部，这里是黄土高原与毛乌素沙漠交汇地带，也是黄土高原与内蒙古高原的过渡区，北部是河套平原和库布济沙漠，西部是毛乌素沙漠，南部是黄土高原。受水流侵蚀切割较强烈，矿区为侵蚀性丘陵地貌特征。由于受毛乌素沙漠的影响，井田东北部多被风积沙覆盖，一般呈新月形沙丘、垄岗状沙丘、沙堆等风成地貌。井田内地形复杂，沟谷纵横，为典型的梁峁地形。最高点海拔 1421m，最低点海拔 1163m，最大地形相对高差 258m。布尔台煤矿地处干燥的半沙漠高原大陆性气候区，夏热时间短，冬寒时间长，秋季凉爽多雨，春季风沙较大，夏季最高气温 36.6℃，冬季最低气温 -27.9℃，年降雨量为 194.7~531.6mm，平均为 357.3mm，多集中在 7~9 月。

二、修复治理与开发利用历程

布尔台煤矿采煤沉陷区建成了 50 万 kW 采煤沉陷区生态治理光伏发电示范项目。该示范项目位于乌兰木伦镇巴图塔采煤沉陷区，总装机容量为 50 万 kW，占地总面积 41897.89 亩，划分为 3 个单体项目，分别为国家能源集团圣圆能源鄂尔多斯新能源基地天骄绿能 25 万 kW 采煤沉陷区生态治理光伏发电示范项目、东方日升天骄绿能 15 万 kW 采煤沉陷区生态治理光伏发电示范项目，以及国家电投天骄绿能 10 万 kW 采煤沉陷区生态治理光伏发电示范项目。

　　天骄绿能 50 万 kW 采煤沉陷区生态治理光伏发电示范项目将乌兰木伦镇巴图塔采煤沉陷区约 4.2 万亩采煤沉陷区土地进行高标准生态修复，在生态修复项目完成后实施 "光伏 +" 项目（图 6.2）。项目将采煤沉陷区生态治理与

图 6.2　天骄绿能 50 万 kW 采煤沉陷区生态治理光伏发电场

光伏产业发展相结合，动员中国神华能源股份有限公司积极履行保护地方生态环境的主体责任，对采煤沉陷区土地进行流转租赁，实施高标准生态景观规划建设，通过地企合作的推进模式，共同打造全国采煤沉陷区生态修复治理示范区。

在生态修复中选取适宜地区气候环境的生态经济作物进行开发，主要种植的植被分为饲草、饲料灌木、经济灌木、经济乔木等（表6.1）。

表 6.1　布尔台经济作物品种与种植情况

经济林木	饲草	饲料灌木	经济灌木	经济乔木
主栽品种	主栽品种：苜蓿 科属：豆科苜蓿属多年生草本 习性：主根粗壮，适应性广；秋眠级3~4级，极抗寒；抗旱能力突出；耐碾压、耐贫瘠；多叶率高、品质佳；产草量高、消化率高；综合抗病性强 效益：优良牧草，粗蛋白含量达20%，营养全面，以"牧草之王"著称；每年刈割3~5次	主栽品种：饲料桑 科属：桑科桑属落叶灌木 习性：抗干旱力强，在250mm自然降水的条件下可正常生长，当年就能形成稳定的灌丛植被，抗严寒强，萌发力强 效益：优良灌木饲料，粗蛋白含量18%~36%；含有天然抗生素，对提高畜禽免疫力有一定的作用；每年刈割3次	主栽品种：大果沙棘 科属：胡颓子科沙棘属落叶灌木 习性：属于杂交选育品种。喜光，耐寒，耐酷热，耐风沙及干旱气候，对土壤适应性强。防风、固沙、保土、保肥、培肥地力、改良土壤能力较强 效益：结果早且粒大，单果重0.4g，单株产量15.5kg，每100g果汁中维C含量达825~1100mg	主栽品种：寒富苹果 科属：蔷薇科苹果属落叶乔木 习性：喜光，抗寒能力强，可忍耐 –20℃以下低温，在包头、鄂尔多斯地区均有栽植 效益：一年栽植，二年有花，4~5年进入盛果期。果实酸甜适口，可溶性固型物含量15.2%，pH为3.6，糖酸比值为36.8
种植面积	18495 亩	1965 亩	2850 亩	1950 亩

经济林木	饲草	饲料灌木	经济灌木	经济乔木
单位产量	539kg/（亩·年）	250kg/（亩·年）	160kg/（亩·年）	600kg/（亩·年）
单位产值	1079元/（亩·年）	1000元/（亩·年）	960元/（亩·年）	2400元/（亩·年）
总产值	1996万元/年	197元/（亩·年）	274元/（亩·年）	468元/（亩·年）

此外，布尔台煤矿采煤沉陷区的开发利用中规划风能和农牧项目。伊金霍洛旗主导风向为西北向，90m 高度风速 6~7.5m/s，春秋风速较大，冬夏风速较小，最低风速 5.4m/s 左右，风力发电效率较高，适合风能产业开发。采煤沉陷区风能开发利用项目拟选址红庆河镇、苏布尔嘎镇、札萨克镇，按照"统筹规划，分步实施、本地平衡、就近消纳"的原则，实施集中式或分散式风电项目。农牧项目开发方面，一期天骄绿能 50 万 kW 采煤沉陷区生态治理光伏发电示范项目按照"政府＋企业＋银行＋村集体＋农牧民"模式实现"三固定"与"草畜一体化"，集中建设饲草基地 4000 亩，同步建设万头肉牛养殖基地。预计可增加固定就业岗位 300~500 个，带动周边农牧民 1200 人实现产业增收，人均收入可达 5000 元。

三、清洁能源正效应开发利用效益

在生态修复治理的基础上，将光伏组件采取支架加高布置于地面上方，下层用于农林业种植、水产养殖，上层用于太阳能发电，发挥"林光互补、农光互补、渔光互补、一地两用"的特点，配套发展农业观光、特色果蔬采摘等旅游产业，将采煤沉陷区转变为"智能光伏田园综合体"，力争打造成全国智能光伏产业示范区。

光伏电站项目建成后，年均发电量约 108 亿 kW·h，实现年产值约 31 亿元，年税收约 6 亿元，可为农牧民每人每年固定增收 1000 元；可实现矿区生态治理 25 万亩，年减排二氧化碳 1000 万 t 以上，通过林光互补、牧光互补模式进行优质牧草种植约 20 万亩，在光伏建设片区建成规模化的万头肉牛养殖场 10 处，形成"光 – 草 – 牛 – 粪 – 草"生态循环的"草畜一体化"示范区。每年利润约 1.6 亿元，农牧民每户增收 1 万元以上，带动农牧产业工人 1500 人。

第三节　扎赉诺尔东排土场"生态 + 光伏 +" 经济开发利用

一、矿山概况

扎赉诺尔煤业有限公司灵泉露天煤矿位于内蒙古东北部满洲里市，东接新巴尔虎左旗，西距满洲里市中心区 24km，西南与新巴尔虎右旗牧场接壤，南至呼伦湖畔，北与俄罗斯毗邻。灵泉露天煤矿始建于 1960 年，1966 年 5 月投产，设计能力 60 万 t/a，先后经历多次生产能力扩建，2006 年核定生产能力 200 万 t/a。经历近一个甲子的煤炭露天开采，灵泉露天煤矿形成了总面积 6.56km^2 的巨大露天采坑，南北长约 4.1km，东西宽约 1.6km，采坑最深处距离地表 120m。截至 2017 年，灵泉露天煤矿累计剥离土石方 2.4 亿 m^3，生产煤炭 5165t。由于可采资源枯竭，灵泉露天煤矿于 2017 年 6 月 30 日正式关闭。

二、修复治理与开发利用历程

灵泉露天煤矿东排土场为早期排土场，1990 年停排，南北长 5.3km，东西平均宽度 1.17km，总占地面积 6.1km^2，排土场边坡长度 14.1km，边坡坡度 50°左右。东部为两段排土。边坡高度 30m 左右。对生态环境负效应的修复治理始于 2013 年，对排土场和矿坑均开展了生态环境恢复，治理排土场面积 13km^2，矿坑治理面积 4.9km^2。

　　针对矿坑中基岩裸露、土壤匮乏、局部积水的情况，采区了"乔、灌、草"多植被结合的模式恢复植被总数约 12 万株。对排土场进行削坡、加固和平整，以种植沙棘、紫叶稠李、沙漠玫瑰、棒子松等乔灌树种为主，利用连片区域建立了 40MW 光伏电场和生态养殖鱼塘，发展了绿色产业。

　　2017 年灵泉露天煤矿关闭后，扎赉诺尔煤业有限公司按照矿山环境治理方案进行了平整、削坡、修筑运输道路、铺设灌溉管路、树木种植。2017~2019 年，对矿坑内有安全隐患的区域进行了治理，铺设灌溉管路 17.56km，架设高压线 3.5km，安装变压器 3 台，安设水泵 5 台，修筑运输公路 10km。同时修建了生态塘，确保充足的水源，为灌溉绿化提供基础条件。在矿坑中种植草本植被 420 万 m²，累计恢复林地 260 万 m²。

三、清洁能源正效应开发利用效益

　　2013~2021 年，扎赉诺尔煤业有限公司在露天矿坑及周边共种植各类树木约 67.2 万株，生态修复面积 720 万 m²，种植杨树、榆树、柳树、樟子松、沙果、大果沙棘、丁香、桃红、沙漠玫瑰、云杉、金叶榆等 10 余种树木。对矿区进行了全面生态修复，上层空间用于发电，地面用于农林业种植和水产养殖，发展农渔观光、特色果蔬采摘等旅游产业，将东排土场建成了一座智能光伏田园综合体。

第七章 内蒙古关闭矿山文化科普旅游开发利用实例

发展矿业文化的宣传与普及和矿业遗迹的旅游开发是关闭矿山产业转型的重要渠道。我国高度重视工业文化旅游开发，自2004年以来积极探索废弃矿区旅游开发路径，注重加强关闭矿山工业遗迹的保护和开发利用，培育工业旅游、工业设计等新业态、新模式。从2007年4月22日我国第一座国家矿山公园——湖北黄石国家矿山公园正式开园，自然资源部已授予国家矿山公园建设资格88个，如山西大同晋华宫国家矿山公园、四川乐天嘉阳国家矿山公园、江西萍乡安源国家矿山公园和河北唐山开滦国家矿山公园，这些国家矿山公园已经成为矿山生态环境恢复与矿山文化科普旅游资源开发利用的典型示范，为废弃矿区旅游开发、工业遗产保护及经营管理等积累了丰富的经验。

第一节 赤峰林西大井国家矿山公园

一、矿山概况

林西大井国家矿山公园位于赤峰市北部林西县大井子镇，面积2.5km²，行政区划隶属赤峰市林西县管辖。林西大井国家矿山公园地处大兴安岭西南段东南缘，北邻内蒙古高原，属低山丘陵区，最高海拔904m，最低海拔720m。区内地形坡度一般在8°~11°，最大不超过20°，大部分地段地形为缓坡。公园地处半干旱大陆性季风气候区，冬季寒冷干燥，夏季炎热短促，秋季昼夜温差大，春季少雨干旱，年平均气温4.3℃，多年平均降水量380mm，降水主要集中在6~8月，多年平均蒸发量1889.6mm。

据记载，大井铜矿早在殷商时期就开始开采，是世界上最古老的铜矿山之一。采矿时间持续较长，直至辽代仍有开采、冶炼。林西大井国家矿山公园内矿业遗迹种类齐全且具有代表性，有矿业生产地质遗迹、矿业活动遗迹等，包括古采矿坑道、冶炼遗址和人工活动遗址，是我国北方时代最早、规模最大的集采矿、冶炼和铸造于一体的古铜矿，也是我国北方最早的具有大规模采矿、冶炼、铸造等全套工序的古铜矿。这些珍贵的矿业遗迹，为研究我国古代铜矿采选和冶炼技术，研究我国商周以来的文化发展历史，提供了宝贵的实物证据，具有十分珍贵的历史和艺术价值。

近现代生产的大井铜矿是集铜、锡、银、铅、锌等多种金属于一体的我国北方罕见的大型多金属矿床，是北方重要的锡产地，也是大兴安岭成矿带中典型的铜、锡矿代表。2010年5月，林西大井国家矿山公园被原国土资源部批准为第二批国家矿山公园。矿山公园由2800多年前的古铜矿遗址和近现代生产中的大井矿组成，公园共划分4个景区，包括矿业遗迹景区、现代生产景区、矿业文化景区与生态体验区，展示了大量的矿产地质遗迹、矿业生产遗迹、矿业制品遗存、矿业社会生活遗迹、矿业开发文献史籍以及自然和人文景观等。

古矿业生产遗迹中包含有古矿坑（道）47条，开采长度累计达1570m，最大开采长度200m，最大开采深度20m，最大开采宽度25m；炼炉遗迹12座，以多孔窑形和椭圆形两种炼炉为主。矿业活动遗迹有矿业生产及生活活动遗存的器械、设备、工具、用具等。古矿坑矿冶遗址挖掘出土和采集了各类采矿石器约 1500 件，以及陶质兽首鼓风管、陶残块、圆形残破炼炉等冶炼器具（图 7.1、图 7.2）。

图 7.1　大井古矿坑遗址

图 7.2　大井古矿道遗址

20 世纪 70 年代起，大井古铜矿遗址的周围先后建立了诸多铜矿，古铜矿遗址遭到破坏。尤其是现代铜矿开采对环境的影响没有引起足够重视，保护区内的新建选场和渣堆胡乱堆放，对古矿坑遗址和冶炼遗迹造成不同程度的破坏。对大井矿业遗迹的保护首先要解决近代采矿活动对生态环境产生的负效应。由于固废渣堆的随意堆放，堆放渣量超过 1 万 m^2，平均堆放高度 8m左右（图 7.3）。同时，废渣堆积物在降水的淋溶作用下，废渣中的有害物质渗入土壤和地下水中。此外，由于林西县在春、秋两季风力较强，且持续时间较长，废渣堆成为扬尘及风沙的主要物源。

图 7.3　林西大井国家矿山公园废渣堆

采矿活动造成治理区内土地有大量废石（图 7.4），破坏治理区土地资源，使区内草地和林地大面积荒芜，同时加速了区内的水土流失和土地沙化。此外，前期的探槽和取土建设尾矿库破坏了土地的结构和性质，若不及时治理，随着时间的推移，土地资源破坏会日趋严重。

图 7.4 林西大井国家矿山公园内的废石

二、修复治理与开发利用历程

大井古铜矿遗址利用价值极高，但是遭受到现代开采破坏的严重威胁，如不及时进行抢救性保护，这一珍贵的史前文化遗产很快将会消失，从而给我国青铜考古以及探索中国文明起源等研究造成不可挽救的重大损失。

由于林西大井国家矿山公园的建设以矿山文化科普教育为最终目标，保留原有的工业遗迹，保留具有历史意义的遗址，因此在修复治理中尤其注重区分现代矿业产生的矿山环境问题和矿业遗迹本身，详细分析原有的矿业遗迹和文化内涵，在不破坏原有矿业遗迹的基础上适度改造和修复公园内的矿山环境，通过对林西大井国家矿山公园内废渣堆的修复治理和生态修复（图7.5），开发中心广场、视觉走廊等，为公园建设提供场地条件，深入挖掘矿区历史，进行功能整合再利用。

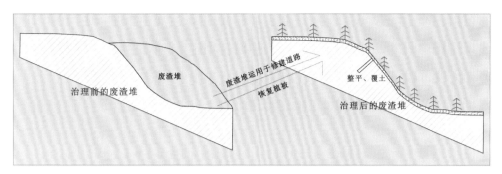

图 7.5 林西大井国家矿山公园废渣堆治理示意图

三、文化科普旅游开发利用效益

场景展示是展示大井古铜矿生产遗迹和矿业活动遗迹最为适合的方式。矿山环境负效应修复治理后的林西大井国家矿山公园的主题为科技公园，通过保护旧的生产遗迹来向人们展示生产的历史文化，同时通过新的生产方式展示和利用来形成新旧的对比，不但让人们认识新的生产方式，同时通过对比了解矿业的发展历史，以及矿业开发在生产过程中所产生的环境破坏现象，从而激发人们保护环境的意识。

第二节　霍林河北露天矿六十栋缓冲地带矿山公园

一、矿山概况

霍林河北露天矿六十栋缓冲地带原归属于霍林河北露天煤矿。该矿始建于 1985 年，前身先后是霍林河珠斯花露天煤矿和南露天煤矿分矿，1999 年更名为北露天煤矿。建矿初期受基建投资、市场需求和生产能力等因素制约，年产量不足 1 万 t，到 2000 年时年产量也仅仅是 92.5 万 t。自 2001 年归属内蒙古霍林河露天煤业股份有限公司后，随着公司的快速发展，生产规模不断扩张，原煤生产量每年以百万吨以上的速度递增，特别是在 2007~2010 年的

4 年时间里，北露天煤矿生产规模从年产 500 万 t 发展到 2015 年的 1000 万 t，实现了跨越式发展，成为露天煤业重要的原煤生产单位为之一。2016 年 12 月，内蒙古霍林河露天煤业股份有限公司组织优化后，北露天煤矿成为国家电投集团内蒙古能源有限公司独立运营的二级单位。

二、修复治理与开发利用历程

2014 年 12 月 23 日，霍林郭勒市人民政府办公室下发了第 67 号市长办公会议纪要，研究了六十栋片区高压线下以西矿区预留地出让事宜，将六十栋片区高压线以西矿的生产建设用地及采矿生产预留安全距离范围内的土地按 84 元 /m² 的价格进行出让，鉴于该区域采矿生产预留安全距离范围内的土地是城市与矿区的隔离带，只能从事生态绿化建设。

预留地内的原有住户已基本搬迁完毕，同时该区域东侧六十栋小区、高路小区和西秀园小区等居民区相继建设完成并已形成很高的入住率。为了给周边居民提供一个休闲娱乐的公共场所，内蒙古霍林河露天煤业股份有限公司北露天煤矿提出"六十栋缓冲地带矿山公园建设项目"。矿山公园位于内蒙古霍林河露天煤业股份有限公司北露天矿工业广场，占地面积约 16.38 万 m²，开发利用目标为矿山公园，同时配套建设入矿道路工程。

六十栋缓冲地带矿山公园包括景观大道、入口广场、自行车道、休闲娱乐场地、停车场、边坡与地面草地、人工湖等，同时配套了木栈道、庭院灯等配套道路设施，功能性场地建设面积超 2.1 万 m²，人工湖 3500m²，矿山公园绿化 28000 ㎡，道路工程两侧乔木绿化 598 株，修复草地 67000m²。

公园绿化和道路工程两侧乔木绿化选用樟子松、榆树、旱柳、云杉、五角枫等，灌木以金山绣线菊篱、小叶丁香篱、连翘、四季玫瑰、黄刺玫等乡土植被为主。由于项目区土壤不能满足绿化树种生长需要，绿化工程范围内需将表面土更换为种植土，根据种植树种的不同，土层厚度在 0.8~1.5m 不等，以满足植物生长需要。

三、文化科普旅游开发利用效益

随着霍林河北露天矿的快速发展，伴随而来的是矿区周边森林、草原退化，矿区周边水土流失严重，霍林河北露天矿六十栋缓冲地带矿山公园的建设，建成了集生态恢复、绿色发展、群众休闲于一体的矿山公园，新增绿化 28000m²、植草 67000m²、道路绿化 598 棵，增加植被覆盖，涵蓄天然降水，对地表径流具有截流、缓排、净化作用，可减少暴雨径流总量，延迟暴雨径流峰值出现时间，缓解暴雨带来的压力。同时通过立体绿化减少径流、降低风速防止扬尘，减少地区土壤侵蚀量，改善城市的水土流失状况，实现地面林地与草原相互映衬，以及"煤城不见煤，推窗见森林，出门看草原"的目标。

第三节　乌兰察布市察哈尔右翼前旗谷力脑包火山地质遗迹公园

一、矿山概况

土贵乌拉天皮山白云母矿区位于乌兰察布市察哈尔右翼前旗土贵乌拉镇东，隶属乌拉哈乌拉乡管辖，矿区西 1km 为土贵乌拉镇规划新区。谷力脑包采石场位于土贵乌拉镇西北约 7km，东邻黄旗海约 1.5km。

土贵乌拉天皮山白云母矿开采历史悠久，20 世纪 30 年代初使用土法开采。1949 年后，该矿划归为国有矿山企业。20 世纪 50 年代国家开始对天皮山白云母矿大规模开采，共生产工业原料白云母 13904t。进入 80~90 年代后，随着人造绝缘产品的出现，代替了天然云母的部分用途，致使天然云母价格下跌，天皮山白云母矿开采随之逐步停止。

天皮山白云母矿区地貌形态为丘陵地貌，海拔 1300~1332.6m，相对高差约 30m，矿区四周为耕地、林地。天皮山白云母矿区岩性主要为太古界集宁群片麻岩，有花岗伟晶岩、细晶岩及辉绿岩脉穿插。白云母矿主要产于伟晶岩脉中。废弃采石场地貌形态为丘陵类型，岩性以玄武岩为主。尾矿区主要分布于山丘南坡及西南侧。

二、修复治理与开发利用历程

经过近 40 年的开采，天皮山白云母矿给矿区及周边地区造成了诸多矿山环境负效应，矿渣扬尘造成部分矿区职工和当地居民患有硅肺病；废弃矿井、矿渣堆坍塌造成多起人畜伤亡事故；随意堆放的大量矿渣和地面塌陷严重影响了当地居民的生产和生活。

从 2004 年开始，内蒙古自治区人民政府对天皮山白云母矿区矿山环境问题提高重视，先后拨付 750 余万元，采取对矿区废弃矿井口封堵、废渣堆清运、覆土、绿化等措施，解决了风尘扬沙、淋滤污染、地表水与地下水污染等矿山环境问题，逐步修复了矿区的地形和地貌景观，改善了矿区及周边的矿山生态环境（图 7.6）。

图 7.6　天皮山白云母矿区矿山环境修复治理

　　谷力脑包地质遗迹保护区位于察哈尔右翼前旗境内，位于乌兰察布高铁站南约 13km，察哈尔大道西侧，谷力脑包村东，陈士村西南，为一高不足 50m 的小山包（脑包为蒙古语音译，意为木、石、土堆），保护区为占地20000 余 m²、形成于距今大约 2000 万年的新近纪玄武岩柱（由基性火山熔岩喷发后快速冷却收缩形成的六方柱状岩体）（图 7.7）。

图 7.7　由火山喷发后迅速凝结形成的谷力脑包玄武岩结晶遗迹

　　察哈尔右翼前旗属内蒙古自治区的贫困旗县，经济发展滞后，支柱产业不发达，农牧民人均收入不高，人民生活水平较低。乌拉哈乌拉乡是以农业为主、农牧结合的乡镇，工业、服务业不发达，主要经济来源只有农牧业。

三、文化科普旅游开发利用效益

　　对矿区内具有科普文化旅游价值的矿业遗迹景观进行保护和旅游景观开发，建设为谷力脑包火山地质遗迹公园，不仅实现了关闭矿山环境的综合修复治理，同时实现了矿业遗迹资源的开发利用，促进了矿区工业旅游产业的发展。

　　旅游观光项目开发后，使矿区由于开采而被严重破坏的生态环境得以恢复，使受其危害的周边环境（农田淋滤污染、地表水污染、地下水污染、风化扬尘等）得以遏制，减少了周边居民硅肺病发生；谷力脑包地质旅游景点的建成，既保护了火山侵入岩及火山活动地质遗迹，也为青少年学习地学知识提供了场所；另外，天皮山矿山环境负效应修复治理和矿山地质公园开发建设工作，为土贵乌拉镇规划新区增添了新的绿色生态园区。

第四节　赤峰市阿鲁科尔沁旗采石场天山公园

一、矿山概况

阿鲁科尔沁旗查布嘎山，位于赤峰市东北部的阿鲁科尔沁旗天山镇主城区北部，紧邻省际大通道。该区域采石历史可追溯到 1949 年之前，曾经在 20 世纪 70~90 年代大规模开采，是当地用于建筑、修路的采石场（图 7.8）。2006 年，阿鲁科尔沁旗人民政府下令禁止采石，并关闭了查布嘎山全部的采石场。查布嘎山的采石场在开采的几十年里，为当地城镇和道路建设做出了重要的贡献，同时也对当地的矿山环境产生了较大影响，包括采矿形成的高陡边坡存在地质安全隐患，已形成的大量采坑破坏了该区原始地形地貌景观和草原生态环境，露天采石场和固体废弃物（剥离废石土、废渣）无序堆放，破坏、占用了大量土地资源。

图 7.8　查布嘎山采石场

二、矿山旅游开发利用历程

2006 年，阿鲁科尔沁旗人民政府下令禁止采石，并关闭了查布嘎山区域内全部采石场，该区域已无采石生产活动。为了彻底解决查布嘎山生态环境问题，当地政府已开展多期矿山环境修复治理工程，2009 年查布嘎山矿山地质环境治理工程（首期）投入 500 万元，治理面积 68483m²，2012 年查布嘎山矿山地质环境治理工程（二期）下达治理资金 250.88 万元，治理面积 47635m²，通过两期治理，局部区域收到一定效果，但矿山环境问题未得到根本性改变。2015 年，向上级申请了阿鲁科尔沁旗查布嘎山矿山地质环境治理示范工程项目，治理资金 1.2 亿元，并于 2017 年 6 月获内蒙古自治区国土资源厅、财政厅批复。

2018 年 5 月项目施工单位进场施工，主要对规划工程总面积 4.31km² 的区域存在的 31 处露天采石坑、取土场，29 处废渣堆，1 处地貌景观与植被进行恢复；在规划的重点植被恢复区域内（面积 1.05km²）种植乔木 4.4 万株，灌木、植物墩 3.18 万个，种植色带、藤本植物 3.57 万 m²，花卉、地被 13.4 万 m²；修建 7.5m 宽道路基础 8.9km，建造 8m 板涵 2 座，6 个圆管涵和 1 个盖板涵；铺设输水管路 16.6km，配套水泵 7 台，建设户外箱式变电站 3 个；建造石质标志牌 1 个，高炮式单立柱三面标志牌 1 个。

三、文化科普旅游开发利用效益

经过 3 年施工，查布嘎山天山公园已完成了设计的工程内容，由阿鲁科尔沁旗人民政府投资的道路油面工程及新增的高压供电系统已全部投入使用（图 7.9）。项目于 2020 年 12 月 18 日通过了内蒙古自治区自然资源厅组织的验收。阿鲁科尔沁旗查布嘎山矿山文化科普旅游示范工程项目的实施改变了治理区较差的生产与生活环境，治理区的矿山环境状况有明显的改善，生态环境明显好转，产生了良好的生态环境效益、社会效益、经济效益。

图 7.9　阿鲁科尔沁旗采石场天山公园

第五节　呼和浩特市哈拉沁生态公园

一、矿山概况

呼和浩特市大青山前坡为大青山前麓冲洪积扇区。该地区的地貌类型为山前倾斜平原地貌，呈近东西向条带状分布于大青山山前，由较多冲洪积扇裙相连构成，扇体大小不等，扇面向南倾斜，自北向南，坡度逐渐变缓。

历史上大青山前坡曾大量开采建设用砂石土矿资源，极大地满足了城市建设和基础设施建设的需要。然而，建设用砂石土的开采遗留了大量的采砂坑，使土地资源、地形地貌景观遭到严重破坏，生态环境也受到严重影响，给当地人民群众的生产、生活环境带来严重影响。

砂坑的形成最早源于修建呼包高速公路及 110 国道扩建用砂，而后随着城市建设速度加快，乱采现象不断恶化，致使砂坑的面积及破坏的深度越来越大，严重影响了呼包高速公路及110国道两边的视觉景观，给呼和浩特市的整体形象带来了负面影响。

二、矿山旅游开发利用历程

众多历史遗留砂坑中，06和07号采砂坑是20世纪末期到21世纪初挖砂取土形成的（图7.10），属于治理责任主体已经灭失矿山。06和07号采砂坑破坏土地总面积达15.8万 m^2，采砂坑深度为28~37m。采砂坑群的存在，使自身这一块土地无法利用，也使周围土地资源的合理开发受到限制。

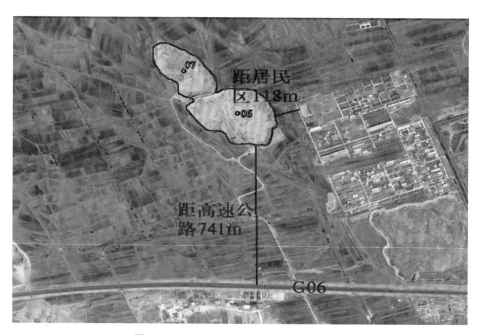

图7.10　06和07号采砂坑位置示意图

06号采砂坑位于呼和浩特市新城区哈拉更新村西118m处，南距G06高速741m，西北与07号采砂坑相连接，采砂坑近似为椭圆形，长轴方向为西北—南东向展布，长度为394m，最大宽度为309m，采砂坑面积为9.72万 m^2，采砂坑东北向的边坡高度为29~37m，东南部边坡高度为30m，西南部边坡高度为30m；最深处位于采砂坑东南部，深度为37m，最浅处位于采砂坑东北部，深度为 29m；坑底平均深度 30m，边坡角为 80° 左右，容积为 282.0 万 m³，采砂坑底部较平整。07 号采砂坑紧邻 06 号采砂坑的西北侧，采砂坑近似为椭圆形，长轴方向为西北—南东向展布，长度为 386m，最大宽度为 205m，采砂坑面积为 6.08 万 m²，采砂坑东北向的边坡高度为 28~34m，西南部边坡高度为 28~32m，西北部边坡高度为 33m；最深处位于采砂坑北部，深度为 34m，最浅处位于采砂坑东南部，深度为 28m；坑底平均深度 30m，边坡角为 80° 左右，容积为 176.6 万 m³，采砂坑底部较平整。

06 号和 07 号采砂坑由于坡陡坑深，坑壁地层为松散土，雨季受雨水冲刷后坑壁极易崩塌，存在矿山次生地质安全隐患，对坑边居民以及行人和过往车辆的安全产生威胁。对两座采砂坑的主要修复治理内容为削坡、场地平整、人工湖工程、道路工程、覆土、平整、植树种草、设置水源井。

三、文化科普旅游开发利用效益

通过开展呼和浩特市大青山前坡生态综合治理工程，"因地制宜"地将 06 和 07 号采砂坑修复治理，修复治理总面积超 12000 亩，"砂坑公园"内建设有人工湖、景观平台、木栈道、凉亭等景观，并在生态恢复方面累计栽植各类乔灌木 1000 万株（丛），新增林地 7 万亩（图 7.11）。

图 7.11　建成后的呼和浩特哈拉沁生态公园

第六节　满洲里市扎赉诺尔国家矿山公园

一、矿山概况

扎赉诺尔煤业有限公司灵泉露天煤矿位于内蒙古东北部满洲里市，东接新巴尔虎左旗，西距满洲里市中心区 24km，西南与新巴尔虎右旗牧场接壤，南至呼伦湖畔，北与俄罗斯毗邻，矿山概况参见第三节。

二、修复治理与开发利用历程

灵泉露天煤矿对生态环境负效应的修复治理始于 2013 年，对排土场和矿坑均开展了生态环境恢复，治理排土场面积 13km²，矿坑治理面积 4.9km²。

针对矿坑中基岩裸露、土壤匮乏、局部积水的情况，采取了"乔、灌、草"多植被结合的模式，恢复植被总数约 12 万株。对排土场进行削坡、加固和平整，以种植沙棘、紫叶稠李、沙漠玫瑰、棒子松等乔灌树种为主，利用连片区域建立了 40MW 光伏电场和生态养殖鱼塘,发展了绿色产业。

2017 年灵泉露天煤矿关闭后,2017~2019 年,对矿坑内有安全隐患的区域进行了治理,在矿坑中种植草本植被 420 万 m^2,累计恢复林地 260 万 m^2。

扎赉诺尔煤业有限公司在 2013~2021 年,在露天矿坑及周边共种植各类树木约 67.2 万株,生态修复面积 720 万 m^2,种植杨树、榆树、柳树、樟子松、沙果、大果沙棘、丁香、桃红、沙漠玫瑰、云杉、金叶榆等 10 余种树木。

扎赉诺尔煤矿留下了丰富的矿业遗迹,开采过程中发现大量的古生物化石,保留了地质遗迹。扎赉诺尔国家矿山公园主要包括露天矿景区和矿山博物馆。其中,露天矿景区以矿业遗迹景观为主体,矿山博物馆集中展示扎赉诺尔煤业开发与煤业遗迹(图 7.12)。露天矿景区的主要矿业遗迹保留有 119km 的内线铁路、历代蒸汽机车 30 余辆、采矿建筑、露天采坑、采剥剖面、断层、褶皱等及因采矿活动发现的少量古人类化石。

图 7.12　扎赉诺尔国家矿山公园

扎赉诺尔国家矿山公园采用环境更新、生态恢复和文化重现建设等保护手段，确保矿业遗迹得到良好的保护，矿区生态环境得到恢复，实现了枯竭矿井的产业转型和可持续发展，同时通过科普基地建设，开展了矿业遗迹相关的科普活动和纪念活动，使扎赉诺尔露天矿在闭坑后成为集科普、休闲、纪念于一体、兼具保护矿业遗迹和游览功能的国家级科普景点（表 7.1）。

表 7.1　扎赉诺尔国家矿山公园旅游文化科普正效应开发利用类型与内容

矿业遗迹类型		开发利用内容
矿产地质遗迹	地质遗迹	扎赉诺尔群煤层剖面、嵯岗扎赉诺尔大断层、煤田 F6 断层遗迹、第四纪更新世早期沉积地层、第四纪更新世中期地层、海拉尔组沉积、褶皱带
	古生物遗迹	灵泉小孤山古生物化石群、猛犸象动物群
	古河道遗迹	古河道三角洲、古河道
矿业活动遗迹	生产遗址	波洛尼科夫第一矿场、南煤沟、灵泉露天矿等
	机械遗迹	各时期运输煤炭的蒸汽机车、水泵等
矿业制品		褐煤半焦还原剂、型煤、再生腐殖酸、矸石砖、釉面砖、缸瓦管等
社会遗迹		日式、俄式职工住宅（地窑子）、土坯房，木刻楞，砖瓦房等
矿业文献		扎赉诺尔煤矿的规章制度、调查报告、开发利用记录、考察记录、技术资料、地质测量图、开采规划图、生产指标图及相关论文、专著等

三、文化科普旅游开发利用效益

坐落在呼伦贝尔大草原腹地、距满洲里市区 24km 的扎赉诺尔国家矿山公园于 2008 年 8 月 30 日开始正式接待国内外游人，是我国首批建设的 28 个国家矿山公园之一。公园以展示矿业遗迹为主体，体现扎赉诺尔矿业发展史，是集科考研究、科普教育、观光览胜、文化娱乐、休闲度假于一体的综合性园区。

第七节　阿拉善和彤池盐湖生态旅游区

一、矿山概况

阿拉善左旗和彤池盐业有限责任公司（和盐公司）湖盐、芒硝矿位于阿拉善左旗巴彦诺日公苏木浩坦淖日嘎查境内，行政区划隶属于巴彦诺日公苏木管辖。和彤池盐矿地处腾格里沙漠东北缘，北临巴彦乌拉山，东面及南面为贺兰山和巴彦乌拉山山前冲积扇，地貌特征属内蒙古高原西段，由低山、丘陵、草原、荒漠、沙漠、湖泊组成。矿区范围内最高点海拔 1179.4m，最低点海拔 1163.41m，相对高差 15.99m。和彤池盐湖周围沙丘连绵，其间多有沼泽或盐碱洼地分布。区域内的水系不发育，无常年性地表径流。矿区地处中温带，由于受到西南侧腾格里沙漠及北东面的乌兰布和沙漠的影响，气候干燥，具有典型的内陆大陆性沙漠气候特点，年平均气温 8.9℃，年平均降水量 126mm，年平均蒸发量 2866mm。

和彤池盐湖矿南缘地势最高，有泉眼出露，可看到常年性水体，涓涓流入湖中。其余地方的河谷看不到地表水体，处于干涸状态，每年雨季、大雨、暴雨降临时偶尔形成洪水，皆流入盐湖中。矿区的水系属于内陆水系。地下水主要为浅部孔隙潜水，含水层为中系砂层。承压水富水性好，含水层厚度大，水头较高，水质好，主要补给来源为贺兰山山前深埋潜水。和彤池盐湖矿周边，植被较发育，长势也较茂盛，野生木本植物有梭梭、红柳，野生草本植物有芦苇、芨芨草、沙蒿、白刺、沙葱、沙芥、锁阳、肉苁蓉、碱柴等。

和彤池盐湖矿开采历史悠久，早在清朝末年就有采盐的记录，一直延续到 1949 年。由于生产方式原始落后，产量甚微。1949 年后，国家实行了统一的盐政管理，于 1958~1970 年，当地公社组织人员对湖盐进行了小规模开采；1970 年阿拉善左旗司法局建立了和屯池盐场，开始了较为正规的采盐生产，采用水溶法开采工艺，其流程为：除去盐盖—建立再生盐池—机械采盐—饱和卤水清洗除泥沙—机械运输堆积—计量包装—成品工业盐外销。如今，该矿有盐湖生产区面积约 3.23km^2，包括开挖的盐槽、洗盐设备、矿区道路及储盐坨地等，盐槽开采深度约 1.5m。

和彤池盐湖为北东向展布，呈椭圆状，长 5.8km，宽 2.3km，面积 13.82km^2，矿层厚 0.3~2.6m，最厚达 4m。其中，盐湖生产区共有 5 个结晶区，占地面积 286 万 m^2，生产规模为原盐 15 万 t/a。矿区设置有机械洗盐、采盐、成品堆放场等场地，开采方式为露天开采，开拓运输采用公路开拓，汽车运输，开采工艺为淡水自然化盐（硝）。和彤池盐湖矿的产品主要是工业盐，少量作为食用盐，销往宁夏和乌海等地的化工厂和碱厂，作为生产烧碱、纯碱的原料。

二、矿山旅游开发利用历程

和彤池盐湖矿以生态旅游开发理论和绿色实践为指导，以生态环境保护和可持续发展战略为前提，根据和彤池盐湖矿的特点、旅游产品特色、旅游开发现状及发展态势，结合阿拉善左旗旅游业发展现状，突出和彤池盐湖特色生态游的特色，最大限度地发挥和彤池盐湖旅游的综合效益，并使之成为阿拉善盟开展矿山旅游的典范。结合和彤池盐矿特殊的区位特征，将盐湖开发为以盐、湖、林、沙为支撑，以盐文化为特色，以生态旅游、康体休闲、民宿度假为核心功能的田园湖泊型精品生态休闲旅游区（图 7.13）。

图 7.13　和彤池盐湖田园湖泊型精品生态休闲旅游区

　　盐湖周边环境优美，绿树成荫，鸟语花香，湖泊、亭台、小桥流水，具有发展生态旅游的基础，形成了集生态采摘、科普教育、休闲娱乐于一体的矿山特色生态采摘区，人工种植生态林带、果园，占地面积约 964000m^2。

　　目前和彤池盐湖矿生态果园建设面积约 1500 亩，中远期计划增加 9000 余亩，形成万亩规模的生态种植基地。和彤池盐湖矿现有果园、枣园、植物园、花卉园等，已挂果的水果品种有桃、杏、香水梨、苹果、樱桃、雪梨、西梅、红枣等十多个品种，年产量上万斤。每年 6 月随着旅游季节的来临，采摘园内的仙桃等随着节气变化相继成熟，可以满足不同时间段游客的采摘。串接各果木片区的主干道上竖立有标示标牌，以科学性为前提开展林果品种培育试验示范及技术推广，讲解林果品种、生物学特性和栽培技术，实现采摘园寓教于乐的效果，配合阿拉善左旗的学校开展综合素质教育，提高学生的科学素养和动手实践能力，进行创新意识的培养（图 7.14）。

图 7.14　和彤池盐湖矿生态采摘区

天然卤水浴可对人体产生明显的镇静作用，对风湿、关节炎、皮肤病、心脑血管疾病、呼吸道疾病等有明显的盐疗作用。和彤池盐湖中的卤水属天然卤水，无任何工业污染。卤水中含有镁、钠、锂、钙、钾、溴、碘、硫等38 种有益于人体健康的元素。卤水中蕴含的多种矿物质和微量元素对皮肤有软化角质层和活化肌肤的明显功效，能够使头发保持柔顺和光泽。通过前期改造滩晒盐池，建设 1 万 m² 的露天卤水浴场，开展卤水漂浮特色旅游。

此外，和彤池盐矿的原盐自然结晶、宏大的机械制盐过程，对游客形成一定的吸引力。可以在滩晒盐结晶池开展盐工业观光，使游客了解工业制盐的全过程，在领略盐湖秀美风光的同时体验味盐文化。

三、文化科普旅游开发利用效益

石盐是用于印染、油漆、橡胶、人造纤维、医药等轻工、化工工业的重要原料，对工业生产有重要意义。和彤池盐湖矿规划建立的卤水浴场、和盐康乐世界、星河湖水世界、五行湖垂钓园等各种休闲娱乐设施可以为当地人所使用和享受，随着生态观光和休闲娱乐设施的逐步完善，当地居民的周末休闲和娱乐生活更加丰富多彩。

随着旅游区的不断发展，人工植树造林的面积将会进一步扩大，参与旅游区建设的员工、游客的环境意识会进一步增强；各种醒目的环境保护标示语也会使游客自觉保护景区脆弱的生态环境。此外，和彤池盐湖旅游发展收入为和盐公司更好地保护生态环境提供了动力和建设资金，公司将会更加积极地投入生态建设和环境保护与治理当中，形成良性循环，旅游开发将会带来生态环境质量的持续改进。

第八节　207 国道（锡林浩特段）采石场南山森林公园

一、矿山概况

207 国道（锡林浩特段）两侧采石场最早形成于 20 世纪 60 年代，当时主要为锡林浩特城市建设提供建筑石料；20 世纪 80 年代开始修建 207 国道，加大了采石场的采石强度，采场范围不断扩大；之后，国道 207 在锡林浩特市城区南部进行了改道建设，形成了新、旧两条 207 国道；在建设新 207 国道时，也使用了该采石场的石料。新、旧 207 国道建设结束后，采矿权人相继灭失。由于当时对采石场缺乏统一规划及监管，乱采乱挖严重，致使沿旧 207 国道两侧及新 207 国道东侧的山体破损，地形地貌景观及生态环境遭受严重破坏。这些采坑的存在，不仅破坏了原有地貌形态，而且影响了新、旧 207 国道上的视觉景观，特别是 207 国道改道后所形成的新 207 国道受到严重的视觉景观影响。再者，破损的地形地貌与锡林浩特市经济建设与城市生态建设要求极不协调，也给周边居民的生命财产带来极大的安全隐患。

二、矿山旅游开发利用历程

关闭采石场内分布有大小不等、形状各异且分布集中的采坑、废石堆，沿旧 207 国道一线延伸约 2km。大规模无序开采，给采石场及周围带来了许多矿山环境问题：①已形成的大量采坑破坏了该区原始的地形地貌景观和草原生态环境；②采石场占用及固体废弃物（剥离废石土、废渣）无序堆放，占用了大量土地资源，破坏了当地草原地形地貌景观和草原生态环境。

207 国道（锡林浩特段）位于内蒙古高原中南部低山丘陵区，山顶多呈圆状，坡底残坡、积物堆积较厚。海拔在 1014~1473m，最大相对高差约 459m。区内冲沟不发育，呈宽缓 "U" 字形，坡角 5°~10°。水系不发育，无大的山脉。区内大部分地形平缓开阔或呈舒缓波状。高处多由各类火成岩体和火山碎屑岩形成，山前斜坡及低洼处由现代沉积物组成。在凹形坡麓上也有黄土堆积。

根据锡林浩特市人民政府和市自然资源局提出的矿山生态环境治理要求，结合治理区现状，治理区主要利用工程措施对废弃采石场边坡进行削坡、不规则岩体清除、固废清运、回填、整形和覆土，综合整治废弃采坑和废石堆，使废弃采坑与周边地形相衔接，修复破损山体，恢复山体的原有地貌形态（图 7.15）。

图 7.15　南山森林公园

位于锡林浩特市，北距市区约 1km，西距新 207 国道 0.9~1.7km，东距旧 207 国道 0.9~1.3km

三、文化科普旅游开发利用效益

新、旧 207 国道（锡林浩特段）之间采石场的矿山环境负效应修复治理和正效应开发利用工程的实施，不仅实现了新、旧 207 国道可视范围内的地形地貌景观效果，消除了矿山次生地质安全隐患，同时将该区域修复为南山森林公园。改变治理区较差的生产与生活环境，治理区的植被覆盖率大幅提升，从而有利于生态良性循环，为建设锡林浩特市森林公园做好地貌修复工作。经过治理与草地恢复，地表风蚀沙化得到根本控制，起到防风固沙、减少水土流失的作用。经过治理后，地面土壤结构被改善，提高了土地抗冲、抗蚀能力，涵养水源，改良土壤。

第八章 内蒙古关闭矿山科学研究场地开发利用实例

"双碳"目标的实现离不开科学技术体系的支撑，而矿产资源采掘洗选加工以及生态修复等环节的节能减排和提质增效离不开原位实验。有些矿业领域的试验可能影响矿山的安全生产，难以在生产矿山开展。关闭矿山是最接近实际生产条件的研究场所，对优化采选冶工程设计、更新技术工艺参数具有关键作用，比如利用关闭矿山的井下空间实地模拟围岩失稳、矿井突涌水、冲击地压等灾害；又如在关闭的露天矿山开展地质、采矿、水文以及岩土等学科实验，以及应急逃生和安全演习等；再如，关闭矿山中堆弃的渣堆、矸石山、尾矿库等为适应贫瘠土壤条件、恶劣自然环境的植被育、选种实验提供了原位实验场所，有利于培养固碳能力良好的植被、农作物以及土壤改良技术优化，如呼伦贝尔东明露天煤矿、锡林郭勒胜利东二号和西二号露天煤矿等在排土场设立的原位生态修复育种试验基地，基于原位场地提供的气候、水文条件，研发了能够适应北方寒区草原气候的土壤改良和生态修复技术。

第一节 呼伦贝尔东明露天矿原位生态农业实验

一、矿山概况

呼伦贝尔东明矿业有限责任公司宝日希勒矿区东明露天矿地处呼伦贝尔市陈巴尔虎旗巴彦库仁镇，东南距海拉尔区 25km，西南距陈巴尔虎旗城区 20km，东距宝日希勒镇 10km（图 8.1）。东明露天矿是呼伦贝尔金新化工有限公司 50 万 t 合成氨、80 万 t 尿素项目的原燃料基地，煤炭生产规模为 300 万 t/a，于 2020 年纳入国家级绿色矿山名录。

图 8.1　东明露天矿工业广场鸟瞰图

二、正效应开发利用历程

东明露天矿地处北方寒带地区，在寒区、草原地区、露天矿山立地条件开展寒区乡土植被遴选、寒区植被引种驯化、寒区土壤改良等多方面生态原位试验研究，通过长期的持续改进与提升，已驯化并遴选出乔木 19 种、灌木 15 种、观赏宿根花卉 12 种，为草原极寒地区矿区生态修复和生态农业提供经验和示范（图 8.2、图 8.3）。

图 8.2　高寒区花卉种植试验区

图 8.3　生态修复实验场地

　　截至 2020 年，东明露天矿已完成生态修复 210 万 m^2，形成四大功能区共同构成的寒区矿山植被群落组合和生态系统，实现与周边生态环境和谐共生的效果，包括以"沙棘 – 草"为主的灌、草生态修复区，以寒区经济林、宿根花卉和花灌木为主的植被景观区，以"蓄水、灌溉、垂钓"功能为一体的人工湿地景观区，以苜蓿为主的豆科植物土壤改良和土壤重构实验区（图 8.4、图 8.5）。

图 8.4　东明露天矿排土场平台苗木驯化区（一）

图 8.5 东明露天矿排土场沙棘经济林区

三、科学研究场地开发利用效益

东明露天矿为了谋求绿色多元发展路径，将矿山排土场初步改造成辐射海拉尔区的城乡居民周末休闲和采摘娱乐目的地，为寒冷草原地区露天矿山生态修复和绿色多元发展提供参考与借鉴（图 8.6、图 8.7）。

图 8.6 东明露天矿排土场生态循环农业与产学研基地

图 8.7　东明露天矿排土场平台苗木驯化区（二）

第二节　鄂尔多斯准格尔旗酸刺沟
煤矿土壤修复实验场地

一、矿山概况

内蒙古伊泰京粤酸刺沟矿业有限责任公司酸刺沟煤矿位于内蒙古自治区鄂尔多斯市准格尔旗境内，行政区划隶属于鄂尔多斯市准格尔旗薛家湾镇。酸刺沟煤矿生产规模 1800 万 t/a；矿区面积 44.8034km²。矿井采用斜－立井混合单水平开拓方式，工业场地内布置主斜井、缓坡斜井，风井工业场地内布置回风立井。

酸刺沟煤矿地处准格尔煤田中西部，地形总体为北高南低，在此基础上又表现为中部高而向东西两侧渐低的变化趋势。一般海拔为 1180~1230m，一般相对标高差 50m 左右，属高原侵蚀性丘陵地貌，黄土分布广泛，厚度大，为鄂尔多斯高原的一部分。其地貌受地表水和地质应力的长期作用，变得较为复杂，矿区内枝状沟谷十分发育，原始高原地貌变得支离破碎。

酸刺沟煤矿所在区域属于大陆性干旱气候。冬夏气温变化剧烈，昼夜温差较大，最高气温38.3℃，最低气温 –30.9℃，年平均气温5.3~7.6℃。霜冻和冰冻期为195天左右，结冰期为每年11月至翌年3~4月，最大冻土深度1.50m，降雨最多集中于7~9月，占总降水量的60%~70%，年降水量为277.7~544.1mm，平均为401.6mm。

二、正效应开发利用历程

酸刺沟煤矿与鄂尔多斯市准格尔旗诸多井工煤炭矿山在矿山环境负效应修复治理方面面临的难题是相似的，一是原本的黄土高原地区生态环境脆弱，可利用的土地面积少，从而原始土地多以牧草地或是林地为主；二是自然地理和气象水文条件相对恶劣，降水量、气温等因素在一定程度上制约着当地矿山生态恢复。再加之霜冻和冰冻期很长、土壤冻土深度厚，这些因素不利于植被的恢复。

酸刺沟煤矿在生态修复中首先解决土地资源的难题，通过回填矸石、整平、覆土等工程手段在矿山范围内开发出可利用的土地资源。相比于矿山范围内天然的地形和地貌条件，在矿山生产中运用"边生产、边治理"的思路，能够扩充矿区范围内可利用的土地资源。另外，仅仅依靠外购的表土或者回填矸石前剥离的表土，尚不能满足生态修复中植被生长对土壤资源的需求，而选用具有耐寒、抗旱、抗风、适应贫瘠土壤的植被，并不能从根本上解决生态修复的难题，且值得注意的是具有适应贫瘠土壤条件这一类型的植被在生态服务功能方面的能力相对较低。酸刺沟煤矿利用煤矸石形成一种人工方法制备的煤矸石基有机生态种植土。其制备过程是通过把煤矸石进行分解、活化、钝化等加工处理后，使矸石中的有机质，腐殖质，氮、磷、钾以及其他微量元素得到释放，并容易被植物吸收。同时，通过控制处理工艺中煤矸石的分解粒径比例，确保土壤的保水性和透气性，形成与原生土壤结构近似的适宜植被生长的替代土壤。由此，在确保植被生长所需土壤环境的基础上，更容易栽培和遴选出具有抗寒、抗旱能力且适应当地气候的植被，发挥矿山的生态服务正效应（图 8.8）。

图 8.8　酸刺沟煤矿采煤沉陷区土壤修复试验场地

三、科学研究场地开发利用效益

矿山为煤矸石基有机生态种植土的研究与植被栽培提供了原位实验场地和无差异的原位实验条件。通过对煤矸石进行处理，生产出一种自带肥性的生态种植栽培介质——有机生态种植土，发挥了煤矸石的特性，充分利用了其有益成分（腐殖酸、Zn、B、Cu、Mn、Mo、Co 等），通过活化处理后，其含有的可促进植物生长的微量元素及氮、磷、钾等植物生长所需的基本元素是普通土壤中的数倍。

酸刺沟煤矿通过对比实验，煤矸石基有机生态种植土的密度和结构与普通土壤接近，可以和土壤（包括地下深层土、沙地、盐碱地、荒漠等）融合，快速实现有机物循环及生物循环，从而形成高品质的植物生长土壤环境。

随着我国对矿山生态修复的重视，土壤将在这一过程中扮演着重要的角色。煤矸石作为煤矿生产的固废，不仅堆存量丰富，新增量也十分可观。通过"以废治废"的思路，利用固废资源不仅在黄土沟壑区创造出可利用的土地资源，同时也汲取其中的有益成分保障生态修复的效果。

第三节　鄂尔多斯市伊金霍洛旗神华煤制油深部咸水层二氧化碳地质封存

为应对气候变化，我国提出二氧化碳排放力争于 2030 年前达到峰值，努力争取 2060 年前实现碳中和。"双碳"目标下，作为可以实现化石能源大规模低碳利用的重要技术途径，碳捕集、地质利用与封存技术成为当下研究热点。

二氧化碳地质利用与封存，是指通过工程技术手段模仿自然界储存化石燃料的机制，将从碳排放工业源捕集的二氧化碳压缩后由输送管线或车船运输到选定的地点，使二氧化碳处于高密度的液态或超临界状态注入地下 800~3500m 深度范围内的深部咸水层、枯竭油气藏等地质构造或者旧油气田、难开采煤层、深层地下水层中，通过一系列的岩石物理束缚、溶解和矿化作用二氧化碳被封存在地质体中。二氧化碳埋藏其间的时间跨度为数千年甚至上万年，为防止二氧化碳在压力作用下返回地表或向其他地方迁移，地质构造必须满足盖层、储集层和圈闭构造等特性，方可实现安全有效埋藏。二氧化碳理想的地质封存环境是无商业开采价值的深部煤层与油田、枯竭天然气田、深部咸水含水地层，不仅能促进煤层天然气回收，同时促进石油回收。当前，全球二氧化地质利用与碳封存技术以二氧化碳驱油和深部咸水层地质封存最为成熟。截至 2020 年底，全球合计捕集二氧化碳规模约 4000 万 t/a，主要包括石油公司二氧化碳驱油和深部咸水层地质封存两类。

一、矿山概况

位于鄂尔多斯市伊金霍洛旗乌兰木伦镇的神华煤制油深部咸水层二氧化

碳地质封存示范项目，是国内首个以减排封存为目的的二氧化碳陆上咸水层封存规模化探索和全流程示范工程。

神华煤制油深部咸水层二氧化碳地质封存试验场地位于鄂尔多斯盆地伊盟隆起，受燕山运动影响，整体为一自东向西倾斜的单斜构造，储层自上而下发育有下三叠统刘家沟组，二叠系石千峰组、石河子组、山西组、太原组，以及奥陶系马家沟组咸水层，其储盖层具有渗透率低、覆盖层多、地层完整等特征，储层岩性除下部为奥陶系白云岩外，其余都是砂岩。

二、正效应开发利用历程

神华煤制油深部咸水层二氧化碳地质封存示范项目于 2010 年 6 月进入施工阶段，首次试注时间为 2011 年 5 月 9 日，试注期为 49 天（图 8.9）。自 2011 年 9 月 15 日，正式开始稳定注入，注入周期为 3 年。截至 2013 年 12 月，示范项目已经成功注入约 $2.0 \times 10^5 tCO_2$。

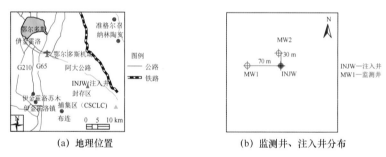

(a) 地理位置   (b) 监测井、注入井分布

图 8.9 神华煤制油深部咸水层二氧化碳地质封存示范项目

神华煤制油深部咸水层二氧化碳地质封存示范项目的注入场地距离捕集区约 17km（图 8.10）。由 5 辆槽车在保证二氧化碳低温条件下（−20℃，2MPa）进行轮流运输。注入场地有一口垂直注入井和两口监测井（监测井 1 和监测井 2）。注入井井径为 30cm，完钻井深为 2826m，人工井底为 2533.25m，水泥返深，井口高出地面 7.12m。监测井 1 位于注入井正西 70m，负责监测 4 个不同层位（1690.4m、1907.4m、2196.4m、2424.3m）的孔隙压力和储层温度。监测井 2 位于注入井正北 30m，用以监测二氧化碳在纵向上

封存的有效性，定期在储层顶部盖层以上的（和尚沟组 1300m 以上）砂岩含水层中取水样和进行时移垂直地震剖面测井，以达到及时判断是否有二氧化碳透过盖层上窜泄漏的目的。注入井的压力、温度记录深度在 1631.6m。监测自 2011 年 5 月开始，每半个月左右取一次数据。

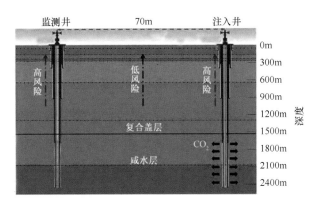

图 8.10　神华煤制油深部咸水层二氧化碳地质封存示意图

三、科学研究场地开发利用效益

神华煤制油深部咸水层二氧化碳地质封存示范项目将鄂尔多斯盆地来自煤制油工厂的高浓度二氧化碳收集，经低温浓缩后以高压将二氧化碳注入平均 1680m 深的砂岩和白云岩中，预计每年可封存 10 万 t 二氧化碳。

结　语

　　内蒙古的矿产资源开采历史久远，为国民生产提供了大量的矿产资源，但是随着现代工业开采规模的日益增大，所引发的环境问题也随之加重。内蒙古矿山的长期开采对环境造成了严重的负效应，传统的矿山修复都是由政府财政出资，对废矿山简单地降坡、植绿，生态修复为被动修复。虽然内蒙古关闭矿山的数量占矿山总数的比重仍然很低，但是随着"双碳"目标的提出，探索开发利用矿山的正生态环境效应是十分必要的，探索构建政府主导、政策扶持、社会参与的正生态环境效应开发利用以及市场化运作，能够给关闭矿山注入新的活力和动力。

　　矿井关闭造成一定程度的资源浪费、资源转型利用率低、生态环境受损等问题。内蒙古各类关闭矿山数量逐年增加，大量的废弃矿山亟须开发利用正效应资源。但是，我国矿山环境正效应开发利用的研究和实践起步不久，对各类关闭矿井资源如生态服务资源、土地与空间资源、清洁能源等的开发利用仍有不充分的地方，特别是对地表和井下空间利用率仍然比较低，呈现出粗放式的开发利用特点。近年来，随着生态文明建设的深入推进，矿山环境正效应的开发利用正在逐渐被认识和挖掘，尤其是国家相关部委和各级地方政府为了加快解决历史遗留矿山问题，提出了鼓励社会资金参与，大力探索构建"政府主导、政策扶持、社会参与、开发式治理、市场化运作"的矿山地质环境恢复和综合治理新模式，正效应资源的开发利用将不断出现新的模式，既能很大程度上促进关闭和历史遗留废弃矿山环境问题的解决，同时为安全、稳妥解决问题提供思路与模式。

内蒙古仍然有不少矿山企业对关闭矿山环境正效应开发利用意识不强，综合利用支撑条件不足，多数矿山直接关闭，未开展矿山环境正效应资源的综合调查与评价，造成资源浪费。目前，我国对矿山环境正效应资源缺少统一和有效管理，对正效应资源分布状况尚未查清，尚未形成完善的矿山环境正效应开发利用模式理论与技术体系。通过本书对内蒙古诸多关闭矿山环境正效应的分析，关闭矿山的开发利用要有国家环保政策和方针的指引，同时要有资金的参与和支撑，在未来将进一步探究如何在习近平生态文明思想的指引下，全社会共同发力对关闭矿山环境正效应资源进行开发利用，发现关闭矿山更多的矿山环境正效应资源类型，更好地做到关闭矿山环境负效应修复治理与正效应开发利用的和谐统一。

主要参考文献

敖子强，熊继海，王顺发，等 . 2011. 植物稳定技术在金属矿山废弃地修复中的利用 [J]. 广东农业科学，38(20): 139-141, 147.

卞正富 . 2015. 矿山生态学导论 [M]. 北京：煤炭工业出版社 .

曹新元 . 2004. 加拿大安大略省废弃矿山恢复治理经验及对我国的启示 [J]. 国土资源情报，(7): 31-34.

常春勤，邹友峰 . 2014. 国内外废弃矿井资源化开发模式述评 [J]. 资源开发与市场，30(4): 425-429.

陈明 . 2021. 废弃矿山修复利用岩土工程关键技术分析研究 [D]. 南京：东南大学 .

戴佳铃，李晓昭，陈家康，等 . 2021. 废弃矿山地下空间开发利用典型模式探究 [J]. 地下空间与工程学报，17(1): 28-40.

董霁红，吉莉，高华东，等 . 2022. 关闭矿山空间资源特征解析与转型路径 [J]. 煤炭学报，47(6): 2228-2242.

付梅臣，吴淦国，周伟 . 2005. 矿山关闭及其生态环境恢复分析 [J]. 中国矿业，(4): 28-31.

郭经州 . 2020. 浅析光伏发电技术在废弃矿山中的应用 [J]. 能源与环境，(1): 68-69.

郭娜, 郑志林, 王磊, 等. 2020. 废弃露天矿山生态修复及再利用模式实例研究——以渝北铜锣山国家矿山公园为例 [J]. 世界有色金属, (12): 238–239.

韩运, 刘钦节, 吴犇牛, 等. 2021. 废弃矿井地下空间旅游资源开发利用模式研究 [J]. 煤田地质与勘探, 49(4): 79–85.

胡炳南, 颜丙双. 2018. 废弃矿井潜在地质灾害、防控技术及资源利用途径研究 [J]. 煤矿开采, 23(3): 1–5.

胡荣荣, 陈炳, 王保欣. 2019. 宁波市镇海区废弃矿山生态环境治理及矿地综合利用研究 [J]. 城市地质, 14(2): 78–84.

胡鑫蒙, 蒋秀明, 赵迪斐. 2016. 我国废弃矿井处理及利用现状分析 [J]. 煤炭经济研究, 36(12): 33–37.

黄敬军, 华建伟, 王玉军, 等. 2007. 废弃露采矿山旅游资源的开发利用——以盱眙象山国家矿山公园建设为例 [J]. 地质灾害与环境保护, (2): 46–50.

霍冉, 徐向阳, 姜耀东. 2019. 国外废弃矿井可再生能源开发利用现状及展望 [J]. 煤炭科学技术, 47(10): 267–273.

冀英梅. 2019. 对废弃非金属矿山的再次开发利用的优点 [J]. 西部资源, (3): 192–193.

贾斌, 宋少秋. 2019. 废弃矿山生态修复治理技术应用——以北京房山区废弃矿山为例 [J]. 矿产勘查, 10(11): 2831–2834.

姜玉松. 2003. 矿业城市废弃矿井地下工程二次利用 [J]. 中国矿业, (2): 61–64.

雷力, 周兴龙, 李家毓, 等. 2008. 我国矿山尾矿资源综合利用现状与思考 [J]. 矿业快报, (9): 5–8.

李宝山, 肖明松, 周志学, 等. 2019. 针对废弃矿井的可再生能源综合开发利用 [J]. 太阳能, (5): 13–16.

李军, 李海凤. 2008. 基于生态恢复理念的矿山公园景观设计——以黄石国家矿山公园为例 [J]. 华中建筑, (7): 136–139.

李柯岩. 2019. 关闭煤矿资源开发利用现状与政策研究 [J]. 中国矿业, 28(1): 97–101.

李全生, 李瑞峰, 张广军, 等. 2019. 我国废弃矿井可再生能源开发利用战略 [J]. 煤炭经济研究, 39(5): 9–14.

李亚冬, 孟令辉. 2018. 绿色矿山生态修复与景观设计 [J]. 资源节约与环保, (10): 16–17.

刘汉斌, 杨玉静, 程芳琴. 2021. 山西关闭煤矿资源二次利用关键地质问题及地质保障探讨 [J]. 煤炭工程, 53(2): 24–28.

刘汉斌, 张亚宁, 程芳琴. 2019. 山西关闭煤矿资源利用现状及开发利用建议 [J]. 煤炭经济研究, 39(10): 78–82.

刘慧芳, 王志高, 谢金亮, 等. 2021. 历史遗留废弃矿山生态修复与综合开发利用模式探讨 [J]. 有色冶金节能, 37(2): 4–6, 15.

刘明, 李树志. 2016. 废弃煤矿资源再利用及生态修复现状问题及对策探讨 [J]. 矿山测量, 44(3): 70–72, 127.

刘钦节, 王金江, 杨科, 等. 2021. 关闭 / 废弃矿井地下空间资源精准开发利用模式研究 [J]. 煤田地质与勘探, 49(4): 71–78.

刘文革, 韩甲业, 于雷, 等. 2018. 欧洲废弃矿井资源开发利用现状及对我国的启示 [J]. 中国煤炭, 44(6): 138–141, 144.

刘长武, 沈荣喜, 潘树华. 2006. 矿山废弃地下空间的危害与利用研究 [J]. 地下空间与工程学报, (S2): 1374–1378.

罗雄文, 李雯. 2021. 废弃矿山常见环境问题与生态治理方法探索 [J]. 山西建筑, 47(3): 148–150.

吕晓澜. 2006. 浙江省循环利用废弃矿山资源的实践与成效 [J]. 浙江国土资源, (6): 39–40.

马锦义, 于艺婧, 王雅云, 等. 2011. 休闲农业园中矿山废弃地改造利用设计 [J]. 南京农业大学学报, 34(4): 37–42.

马跃. 2021. 废弃矿山资源化生态修复模式构建与效益评价 [D]. 大连: 大连理工大学.

孟鹏飞. 2011. 废弃矿井资源二次利用的研究 [J]. 中国矿业, 20(7): 62–65.

彭凤 . 2008. 矿山废弃地景观修复与再造的研究 [D]. 武汉：华中农业大学 .

彭花娜 , 钟小燕 , 马晟 . 2021. 基于增量思维的刚果矿山光储柴一体化电力解决方案研究 [J]. 中国勘察设计 , (10): 89–92.

浦海 , 卞正富 , 张吉雄 , 等 . 2021. 一种废弃矿井地热资源再利用系统研究 [J]. 煤炭学报 , 46(2): 677–687.

浦海 , 许军策 , 卞正富 , 等 . 2022. 关闭 / 废弃矿井地热能开发利用研究现状与进展 [J]. 煤炭学报 , 47(6): 2243–2269.

秦容军 , 任世华 , 陈茜 . 2017. 我国关闭 (废弃) 矿井开发利用途径研究 [J]. 煤炭经济研究 , 37(7): 31–35.

任辉 , 吴国强 , 宁树正 , 等 . 2018. 关闭煤矿的资源开发利用与地质保障 [J]. 中国煤炭地质 , 30(6): 1–9.

任辉 , 吴国强 , 张谷春 , 等 . 2019. 我国关闭 / 废弃矿井资源综合利用形势分析与对策研究 [J]. 中国煤炭地质 , 31(2): 1–6, 81.

任雪峰 . 2017. 我国东部关闭矿山社会生态系统恢复力研究 [D]. 徐州: 中国矿业大学 .

盛卉 . 2009. 矿山废弃地景观再生设计研究 [D]. 南京：南京林业大学 .

苏育飞 , 张庆辉 , 胡晓兵 . 2020. 山西省关闭煤矿资源普查方法及资源开发利用重要性评述 [J]. 中国煤炭地质 , 32(9): 79–87.

孙文洁 , 李祥 , 林刚 , 等 . 2019. 废弃矿井水资源化利用现状及展望 [J]. 煤炭经济研究 , 39(5): 20–24.

孙文洁 , 任顺利 , 武强 , 等 . 2022. 新常态下我国煤矿废弃矿井水污染防治与资源化综合利用 [J]. 煤炭学报 , 47(6): 2161–2169.

孙志伟 . 2017. 矿山闭坑管理研究 [M]. 北京：地质出版社 .

谭绩文 . 2008. 矿山环境学 [M]. 北京：地震出版社 .

王冲 , 张定源 , 张景 , 等 . 2022. 福建省南安市废弃矿山土地利用适宜性评价 [J/OL]. 华东地质 : 1–10.

王根锁 , 刘宏磊 , 武强 , 等 . 2022. 碳中和背景下废弃矿山环境正效应资源化开

发利用 [J]. 煤炭科学技术 , 50(6): 321–328.

王亨力 , 谢道雷 , 刘咏明 , 等 . 2019. 废弃矿山地质环境影响评价与生态修复 [J]. 绿色科技 , (24): 79–83.

王家臣 , Kretschmann J, 李杨 . 2021. 关闭煤炭矿区资源利用与可持续发展的几点思考 [J]. 矿业科学学报 , 6(6): 633–641.

王俊杰 , 方正 , 赵震乾 , 等 . 2021. 长三角区域一体化生态共治机制下的一般工业固体废物废弃矿山协同处置模式探讨 [J]. 环境污染与防治 , 43(6): 796–800.

王新富 . 2020. 浙江省废弃矿山生态快速复绿方法研究 [J]. 世界有色金属 , (21): 218–219, 222.

王行军 . 2020. 我国关闭煤矿资源综合利用存在问题研究 [J]. 中国煤炭地质 , 32(9): 128–132.

王行军 . 2021. 关闭矿井资源开发利用状况研究 [J]. 中国煤炭地质 , 33(5): 20–24.

魏风华 , 安广义 , 王桂霞 , 等 . 2009. 矿山绿化与矿山废弃地利用研究 [J]. 西北林学院学报 , 24(5): 217–219.

吴程浩 . 2018. 安徽广德联丰废弃矿山生态环境特征与生态修复 [D]. 沈阳 : 沈阳大学 .

吴金焱 . 2020. 荷兰海尔伦市废弃煤矿矿井水地热能开发利用工程实践 [J]. 中国煤炭 , 46(1): 94–98.

武强 , 李松营 . 2018. 闭坑矿山的正负生态环境效应与对策 [J]. 煤炭学报 , 43(1): 21–32.

肖桂珍 , 安广义 , 王桂霞 , 等 . 2009. 河北绿色矿山 [M]. 北京 : 地质出版社 .

谢和平 , 高明忠 , 刘见中 , 等 . 2018. 煤矿地下空间容量估算及开发利用研究 [J]. 煤炭学报 , 43(6): 1487–1503.

谢友泉 , 高辉 , 苏志国 , 等 . 2020. 废弃矿井地热资源的开发利用 [J]. 太阳能 , (10): 13–18.

谢友泉，高辉，苏志国，等 . 2020. 废弃矿井资源的可再生能源开发利用 [J]. 可再生能源，38(3): 423–426.

徐国良，袁菊如，涂招秀，等 . 2012. 废弃矿井的综合利用 [J]. 中国人口·资源与环境，22(S1): 360–362.

许峰 . 2012. 矿山废弃地景观资源再利用研究 [D]. 南京：南京林业大学 .

许来灿 . 2022. 矿井工业废弃能源综合利用研究与应用 [J]. 能源与环保，44(7): 185–188.

殷全增，陈中山，冯启言，等 . 2021. 河北省主要矿区关闭煤矿资源再利用模式探讨 [J]. 煤田地质与勘探，49(6): 113–120.

袁亮，姜耀东，王凯，等 . 2018. 我国关闭 / 废弃矿井资源精准开发利用的科学思考 [J]. 煤炭学报，43(1): 14–20.

袁亮 . 2019. 推动我国关闭 / 废弃矿井资源精准开发利用研究 [J]. 煤炭经济研究，39(5): 1.

张源，他旭鹏，师鹏，等 . 2022. 废弃矿井蓄洪储能与取热综合利用模式研究 [J/OL]. 煤炭科学技术 : 1–8.

张珍奇 . 2021. 浅析光伏发电技术在废弃矿山中的应用 [J]. 世界有色金属，(14): 204–205.

张志强，张珊珊，姚海清，等 . 2022. 废弃矿井地热资源利用的研究与发展 [J]. 区域供热，(4): 45–55.

赵伟 . 2019. 基于废弃矿井的光伏—抽水蓄能发电系统设计 [D]. 淮南：安徽理工大学 .

赵怡晴，李仲学，王波 . 2015. 矿山闭坑运行新机制 [M]. 北京：冶金工业出版社 .

周文雅，赵军伟，吕振福，等 . 2021. 矿山闭坑影响及标准化分析 [J]. 能源与环保，43(3): 7–11.

Cui C Q, Wang B, Zhao Y X, et al.2020. Waste mine to emerging wealth: Innovative solutions for abandoned underground coal mine reutilization on a waste management level[J]. Journal of Cleaner Production, 252: 119748.

He C, Zhang T Y, Vidic R D. 2013. Use of abandoned mine drainage for the development of unconventional gas resources[J]. Disruptive Science and Technology, 1(4): 5

Karra R C, Gayana B C, Shubhananda R P. 2022. Mine Waste Utilization[M]. Florida: CRC Press.

Koudelková J, Urbanec V, Korandová B, et al.2022. Geomontaneous tourism and the possibilities of utilizing abandoned mine workings in the Czech Republic[J]. Geoheritage, 14(1): 29.

Liu H, Yang Y, Jiao W, et al. 2022. A new assessment method for the redevelopment of closed coal mine: A case study in shanxi province in China[J]. Sustainability, 14(15): 9759.

Lu P, Zhou L, Cheng S, et al. 2020. Main challenges of closed/abandoned coal mine resource utilization in China[J]. Energy Sources, Part A: Recovery, Utilization, and Environmental Effects, 42(22): 2822–2830.

Melida G. 2020. Editorial for special issue "sustainable use of abandoned mines" [J]. Minerals, 10(11): 1015.

Pérez G, Valiente M. 2005. Determination of pollution trends in an abandoned mining site by application of a multivariate statistical analysis to heavy metals fractionation using SM&T–SES.[J]. Journal of Environmental Monitoring, 7(1): 5.

Yang L, Zhou M L, Lu R N, et al. 2012. Tourism development and exploration of abandoned mine – taking national mine Park of Jianghe coal mine in Chongqing as an example[J]. Advanced Materials Research, 2093: 599.